工业自动化控制系列教材

PLC技术基础与应用

主　编　左　湘
副主编　杨颂华　孙月敏　张光耀

U0396475

华南理工大学出版社
SOUTH CHINA UNIVERSITY OF TECHNOLOGY PRESS
·广州·

图书在版编目（CIP）数据

PLC 技术基础与应用/左湘主编 . —广州：华南理工大学出版社，2017.5
（2021.1 重印）
工业自动化控制系列教材
ISBN 978 - 7 - 5623 - 5111 - 5

Ⅰ.①P…　Ⅱ.①左…　Ⅲ.①PLC 技术　Ⅳ.①TB4

中国版本图书馆 CIP 数据核字（2016）第 257210 号

PLC Jishu Jichu Yu Yingyong

PLC 技术基础与应用

左　湘　主编

出 版 人：卢家明

出版发行：华南理工大学出版社

（广州五山华南理工大学 17 号楼，邮编 510640）

http：//www.scutpress.com.cn　　E-mail：scutc13@ scut.edu.cn

营销部电话：020 - 87113487　87111048（传真）

策划编辑：毛润政

责任编辑：毛润政

印 刷 者：广东虎彩云印刷有限公司

开　　本：787mm×1092mm　1/16　印张：15.75　字数：336 千

版　　次：2017 年 5 月第 1 版　2021 年 1 月第 4 次印刷

定　　价：39.00 元

工业自动化控制系列教材

编写委员会

序

　　"工业自动化控制系列教材"是佛山市华材职业技术学校专业教师根据企业工业自动化控制典型工作任务，结合学校实际，与行业企业共同设计编写的，适用于教师备课、学生自主学习的系列教材。本系列教材是在以工作任务为载体，以项目为引领，以任务为驱动，以模块教学为核心，以8S管理为制度保证，大力推进"教学做一体化"的课程改革与教学实践的基础上编写而成的。它符合中职学生自主构建的职业成长规律，注重理实一体化学习情景的创设，引领学生在典型的工作岗位上，完成每一个项目任务，在整个工作过程中，着力于学生综合职业能力的养成。

　　本系列教材的编写人员深入企业、广泛调研，全面分析工作过程中的要素，掌握了行业企业对用人的职业要求，形成了区域内有普遍应用价值的教学项目和教育内容，在教材中贯穿"以就业为导向，以能力为核心，以实践为主线"的职业教育理念，旨在提升学生的综合职业素质。系列教材采用项目教学的方式进行写作，能促进学生在小组合作中形成团队合作意识，在项目学习中提高专业能力和方法能力，在模拟与真实的工作环境中内化职业素养。

　　本系列教材的教学载体来源于生产实际，结合中职学校的教学设备现状，突出"理实一体、学做一体"的职教特色，力图将专业知识与具体的工作任务和职业能力培养有机结合。各教学项目提取企业工作任务，按照能力形成规律平行或递进展开，引入企业技术标准和工艺规范，制定了合理的评价标准，操作性强，对学习能起到较强的引导作用。学生在学习过程中，有具体的工作指导和工作规范，有明确的工作目标和评价要求，能激发学生的求知欲，充分调动学生学习的积极性。

　　本系列教材包括《电子技术基础》《电工技术基础与技能》《传感器与单片机技术应用》《PLC技术基础与应用》等基础和应用课程方面的内容，我们将继续出版工业机器人应用与维护方面的基础与核心课程教材。希冀通过这些教材的出版，更好地促进教学工作，培养和提高学生的综合职业能力。

"工业自动化控制系列教材"编委会主任：邱燕东

2016年5月

前　言

　　《PLC 技术基础与应用》是我校工业自动化控制专业教师结合学校实际设计，适用于教师备课、学生自主学习的校本教材。

　　教材符合中职学生自主建构的职业成长规律，注重理实一体化学习情境的创设，引领学生在典型的工作岗位上，完成每一个项目任务。在整个工作过程中，着力于学生综合职业能力的发展。

一、本书的实践基础

　　从 2004 年开始，学校 PLC 备课小组就尝试建构在一定生产实践任务上的"PLC 编程及应用"教学改革项目，以改变传统的讲、练学习方式，借助仿真软件和实训设备，加强学生 PLC 编程应用能力的训练，并通过不断积累，形成了《PLC 编程应用校本讲义》。

　　从 2008 年开始，PLC 备课小组带领学生积极参加全国"光机电一体化技能竞赛"，师生的专业技能在备赛中得到了很大程度的提高。与此同时，该小组充分利用学校购置的 30 套亚龙 YL–235A 一体化教学实训设备进行教学，促进了学生专业知识的大幅增长，使学生基本掌握了自动化生产过程的专业技能。

　　2010 年以来，PLC 备课小组群策群力，以设备为载体，以 8S 管理为制度保证，以模块教学为核心，以项目为引领，以任务为驱动，大力推进工业自动化控制的理实一体的课堂改革。经过两轮教学循环后，形成了本书。

二、本书的设计理念

　　为全面落实"以就业为导向，以综合素质的提升为基础，以能力为本位"的职业教育办学思想，本教材坚持以下设计理念：

　　1. 坚持以学生就业需求为导向

　　首先，小组成员利用实习指导机会，经过充分的企业调研，掌握社会对本专业知识的要求和未来发展方向，形成了佛山地区有普遍应用价值的项目内容。

　　其次，本书在内容设计上遵循以职业岗位划分模块、以工作过程设计项目、以教学知识整合为任务的三大原则。

　　最后，本书在教学实践中采用 8S 管理模式积极营造接近企业实际的工作环境。

　　2. 坚持以提高学生综合素质为宗旨

　　本书尤其强调职业道德素养、综合能力、个性发展、职业成长需要的培养。整个项目教学的全过程，要求学生在小组合作中培养团结合作情感，在交流展示中提升各项综合能力，在明确的岗位分工中找到职业成长方向，在工作环境中内化职业道德素养。

3. 坚持以培养学生综合职业能力的分层达标为目标

本书注重知识、技能、能力、情感四方面的目标。学生综合职业能力目标根据生产实际的工作要求以及学生的职业发展、个性发展需要而进行分层达标任务设计。

三、本书的编写特色

在模块化课程体系的引导下，本书强调学生在工作过程中，自主建构符合自身认知规律的专业技能知识，突出学生学习的主动性和主体地位。在处理教、学、做的关系上具有以下特点：

1. 学习过程符合职业成长规律

教材强调学生在工作过程中自主建构知识，符合专业技能职业成长"体验、交流、辨析、反思、提升"的普遍规律。

2. 课程内容的滚动生成帮助学生分层达标

针对学生能力差异的实际，为实现教学目标的分层达标，本教材在课程内容的设计上努力做到教学目标滚动生成。

首先，要求每个学习任务内容既相互独立，又具有紧密的内在联系，力求让学生在学习新的知识时能够做到"温故而知新"。

其次，要求教学评价由学生自主选择，分层达标。学习情景下的任务要求分为模仿、迁移、拓展三层，学生可根据自己的实际情况进行自主选择。其中，任务的基础要求是能结合示范模仿完成任务实践；中级要求能迁移完成"拓展与延伸"的任务实践；拓展要求能自主完成"思考与练习"的实践任务。

3. "教""学"过程的生产化，实现课程能力培养目标

职业能力的培养必须有专业生产过程的体验。本书所模拟的学习情境源于工作实际，任务实施的步骤包括明确任务、制定计划、实施计划、评价反馈。通过整个课程系列任务的训练，让学生充分体验工作过程中可能出现的问题，优化知识建构中的自主学习思维，最终实现培养、提高学生综合能力的目标。

4. 实现评价、反馈全过程保障

教学评价是项目教学过程的重要组成部分，是对工作过程和结果的反馈，是学习的延伸和拓展。本教材涉及的评价贯穿自主学习过程中的知识建构、工作过程的项目分析与实施等全过程，评价内容包括自评、互评、师评。通过及时的评价和反馈，帮助学生及时发现不足之处，为提升综合职业能力打好基础。

本教材由左湘、杨颂华、孙月敏、张光耀编写。全书由左湘统稿，杨颂华审稿。

由于编者水平有限，书中难免有不妥之处，欢迎广大师生批评指正。

编　者

2016 年 11 月 10 日

目　录

学习情境一　岗前培训

课程名称：PLC 技术基础与应用	适用专业：机电一体化专业
学习情境名称：岗前培训	建议学时：8 学时

一、学习情境描述

岗前培训又叫第一步培训，是新员工加盟企业时企业对其进行的培训，会给新员工留下对企业的第一印象，这种印象会持续很长时间。本学习情境涉及的主要内容为：安全用电、场室安全、设备检测与基本调试、PLC 控制技术的发展、编程软件的准备五大部分。

（一）课程要求及场室的安全使用培训（8S 管理）

"没有规矩不成方圆"，良好的行为习惯是培养专业素养的基础，场室井然有序的环境有助于同学们形成对工业自动化学习内容和方法的科学认识。岗前培训情境将尽量模拟企业实际的岗前培训，帮助同学们在模拟实际的工作制度和情境中养成专业的基本素养。

（二）PLC 控制的设备检测与调试

为了能安全、高效、节约、环保地使用设备，进行专业知识的学习，养成定期检查、维护设备的好习惯是学好本课程的重要保障。

二、能力培养要点

岗前培训的能力培养要点如表 1－1 所示。

表 1－1　岗前培训能力培养要点

序号	技能与学习水平		知识与学习水平	
	技能点	学习水平	知识点	学习水平
1	场室安全管理	能选择合适的逃生通道进行应急处理	电气安全教育	能正确使用灭火器，掌握电气设备安全知识
2	现场 8S 管理	能自觉遵守场室的管理制度	8S 管理制度内涵	能内化 8S 管理要求
3	PLC 控制设备的检测	能用仪器检测设备	元器件的功能与选择	能选择合适的检测方法检测元器件质量

序号	技能与学习水平		知识与学习水平	
	技能点	学习水平	知识点	学习水平
4	PLC 控制编程软件的安装使用	能安装并正确使用 FX-win/GX 编程软件	编程软件功能和使用	能根据实际需要进行编程软件的安装

任务一　工业自动化控制企业现场管理

一、任务描述

　　小洋通过选拔，成功加盟了"华材自动化控制公司"的技术部，上班第一次的岗前培训中，培训师就结合现代企业的现场管理，介绍了工业自动化控制企业的 8S 管理要求，并要求小洋按照要求完成工业自动化控制室的 8S 整理清洁。具体要求如下：

　　(1) 依据 8S 管理先进经验进行场室的目视化现场管理；

　　(2) 了解场室设备布局，检测消防灭火器、电源配置，并进行材料整理；

　　(3) 根据设备使用规范，设计合理的实训管理手册。

二、目标与要求

　　(1) 能根据企业现场的 8S 管理制度，制定目视化场室管理制度；

　　(2) 能结合场室布局，安全、规范地摆放实训设备及元器件；

　　(3) 会使用消防灭火器，会安全操作电气设备。

三、任务准备

（一）现代企业 5S 现场管理

　　企业现场管理是用科学的管理制度、标准和方法对生产要素，包括人（工人和管理人员）、机（设备、工具、工位器具）、料（原材料）、法（加工、检测方法）、环（环境）等进行合理有效的计划、组织、协调、控制和检测，使其处于良好的结合状态，达到优质、高效、低耗、均衡、安全、文明生产的目的。

　　目前我国较多企业使用的管理方法是 5S 管理。5S 是指整理（seiri）、整顿（seiton）、清扫（seiso）、清洁（seiketsu）、素养（shitsuke）等五个项目，因日语的罗马拼音均为"S"开头，所以简称为 5S。它起源于日本，目的是更好地服务生产，如图 1-1 所示。

图 1-1　5S 管理宣传海报

（二）职业学校工业自动化控制场室布局设计的基本原则

职业学校的实训大部分是在实训场室中完成的。实训的目的是培养学生的实际操作能力，使学生在实践体验、实践操作、实战演练过程中习得技术技能。实训场室作为学生实训的主阵地，其在建设过程中必须注意以下问题。

1. 场室布局设计应遵循的主要原则

专业实训的场室必须适应课程的需要，因此，在建设中首先应遵循现实性原则。如：充分体现专业的特点；无缝对接专业课程的设置；适应不断更新的专业技术；安全性能符合规范；工位与布局能满足实训的有效开展；在相应的领域有一定的超前性和前瞻性，体现国际化；尽可能体现"四新技术"；根据我国的教育现状和世界职业教育的发展趋势，强调职业通用专业能力的培养。

专业实训的场室必须满足人才培养方案的要求，因此，在建设中还应满足适应性原则，如适应地方经济发展，适应学校人才培养规格，适应未来经济发展的先进技术，等等。

2．学校场室建设的重点

学校场室内进行的实训内容以生产实际操作技能为主，因此，在场室建设过程中应该侧重以下几方面的要求：能呈现工作现场的结构及要素；能做到理论学习与工作实践结合；提供具有多样性的丰富的学习资源；提供科学的学习指引及学习过程文件。

3．学校场室的"三级"安全教育

职业学校的新生入校都要进行三级安全教育。三级安全教育制度是学校安全教育的基本教育制度，包括入校教育、专业教育和专业课程教育。凡进入新的场室，学习新技术、新工艺、新设备、新材料的学生，必须进行新岗位、新操作方法的安全卫生教育，受教育者经考试合格后方可上岗操作。

工业自动化场室安全教育的主要内容包括消防安全、用电安全、设备使用安全和信息安全等。场室的消防安全包括消防通道的畅通与开放、消防设备的定期检查和消防灭火器的使用。用电安全包括合理选择用电器、合理选择短路熔断保护器，正确的电气火灾处理方法和正确的触电急救方法等。

【知识小链接1】

华材学校场室的 8S 管理模式

一、8S 管理

整理（sort）、整顿（straighten）、清扫（sweep）、清洁（sanitary）、素养（sentiment）、安全（safety）、节约（save）和学习（study）八个项目，因其古罗马发音均以"S"开头，简称为"8S"。

二、8S 管理的内涵与目标

1S——整理

定义：场室负责人区分要与不要的东西，实训场室除了要用的东西外，其他一律不得放置。实训过程中，学生整理工位，将一切不用的器材清理出工作范围。目的：腾出"实训空间"。（归类）

2S——整顿

定义：场室负责人将要的东西定位、定量、定方法摆放整齐，明确标示；学生使用器材完毕后，定点定量归位。目的：熟悉器材位置和用量，不浪费时间找东西，场室长期保持整齐有序。（定位、定量）

3S——清扫

定义：教师分配清扫工作任务，组织学生结束学习前清除实训工作场所内的脏污，并防止污染的再次发生。目的：清除"脏污"，保持工作环境干净、明亮。

4S——清洁

定义：教师将上面 3S 实施的做法制度化、规范化，结合课程评价机制，认真执行，维持其成果。目的：通过制度化来维持成果。

5S——素养

定义：各实训场室要求一致、评价一致，人人按照规定办事，教师和学生养成良好的实训教学工作习惯。目的：提升学生的品质，培养劳动意识和相互合作意识，使学生对任何工作都持认真严谨态度。

6S——安全

各实训场室根据设备和操作要求，张挂《安全操作规程》，组织安全教育，学生按照安全操作规程操作，树立安全操作意识。目的：预知危险，防患于未然。防止人身安全事故发生，防止仪器设备损坏。

7S——节约

定义：教师合理设计实训项目和认真组织项目实施，减少人力、空间、时间、物料的浪费。目的：养成降低成本习惯，减少学校耗材开支。

8S——学习

定义：教师组织学生深入学习各项专业技术知识，指导学生在实训室开展研究性学习，从实践和书本中获取知识，不断地向同学及教师学习，从而完善自我，提升自己的综合素质。目的：培养学习性组织，培养学生的自我学习能力，促进学生的长远发展。

【知识小链接2】

常用灭火器的应用（图解）

一、干粉灭火器的使用方法

干粉灭火器的适用范围：适用于扑救各种易燃、可燃液体和易燃、可燃气体火灾，以及电器设备火灾，其使用方法参见图1-2。

①右手握着压把，左手托着灭火器底部，轻轻地取下灭火器。

②右手提着灭火器到现场。

③除掉铅封

④拔出栓杆

⑤左手握着喷管，右手提着压把。

⑥在距火焰2米的地方，右手用力压下压把，左手拿着喷管左右摆动，喷射干粉覆盖整个燃烧区。

图1-2　干粉灭火器的使用方法

二、泡沫灭火器的使用方法

泡沫灭火器主要适用于扑救各种油类火灾，木材、纤维、橡胶等固体可燃物火灾，其使用方法参见图1-3。

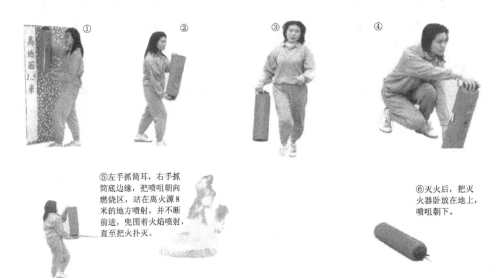

⑤左手抓筒耳，右手抓筒底边缘，把喷咀朝向燃烧区，站在离火源8米的地方喷射，并不断前进，兜围着火焰喷射，直至把火扑灭。

⑥灭火后，把灭火器卧放在地上，喷咀朝下。

图1-3　泡沫灭火器的使用方法

三、二氧化碳灭火器的使用方法

二氧化碳灭火器主要适用于各种易燃、可燃液体和气体火灾，还可扑救仪器仪表、图书档案、工艺器件和低压电器设备等的初起火灾。其使用方法与干粉灭火器的使用方法类似。

四、推车式干粉灭火器的使用方法

推车式干粉灭火器主要适用于扑救易燃液体、可燃气体和电器设备的初起火灾。本灭火器移动方便、操作简单、灭火效果好，其使用方法与干粉灭火器类似。

四、任务实施

（一）任务实施准备（见表 1-2）

表 1-2　场室设备准备清单

序号	名称	型号及规格	数量	单位
1	基础教学区	示范教学区	1	套
		集中讨论区	1	套
2	实训操作区	YL-235A 设备	30	套
3	资料放置区	工具柜	4	个

（二）任务分析

工业自动化控制实训室是用作光机电一体化实训的场室，为了保证学生能够在安全、卫生的环境中学习，必须结合工厂的目视化现场管理原则和要求，制定严格的实验室管理制度。

（三）制定任务实施计划

任务实施计划如图 1-4 所示。

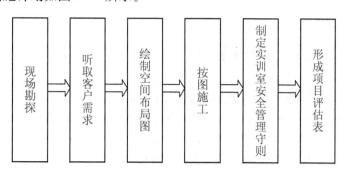

图 1-4　任务实施计划框图

（四）任务实施过程

（1）现场勘探

本场室位于华材实训大楼 7 楼，面积约 300m²，有教学区及训练区各 1 个，共摆放 30 套 YL-235A 设备及工具柜 4 个。

（2）听取客户需求

自动化控制室要求面向机电部全体学生，为他们提供 PLC 项目的实训，并能够满足光机电一体化中职项目的训练及比赛需求。

（3）绘制空间布局图

用 CAD 画出自动化实训室布局图（效果图如图 1-5 所示）。

图1-5 实训室布局效果图

(4) 按图施工

按照工程施工规范安装与检测。操作要求见附录2《YL-235A设备元器件安装规范图解》。

(5) 制定实训室安全管理守则

为帮助学生更科学、合理地使用场室设备，结合学校的8S管理相关规定，草拟管理守则。

(6) 学校实训场室8S管理目视化检测步骤

步骤：提前5分钟进入课室→开电源→基础教学区准备→教师布置任务→实训操作区目测清点→上电检测→做好使用登记→设备使用→8S还原及检查登记→基础教学区总结→完成项目评估表→组长签名。

五、思考与练习

简答题

1. 5S现场管理的内涵是什么？

2. 结合对学校8S管理的相关规定的学习，你认为学校的实训室使用与保养管理需要注意哪些方面的问题？

3. 你认为作为一名光机电一体化操作人员，应该具有什么样的职业操作素养和习惯？

实践操作题

根据示范，自主完成工业自动化控制室的8S管理目视化检查操作。

六、项目学业评价

1. 请对场室现场管理的目视化检测情况进行总结。
2. 填写项目评估表（见表1-3）。

表1-3 工业自动化控制企业现场管理项目评估表

班级		学号		姓名	
项目名称					

评估项目	评估内容	评估标准	配分	学生自评	学生互评	教师评分
专业能力	知识掌握情况	项目知识掌握效果好	10			
	场室管理	了解场室布局	10			
	安全意识	能选择合适的逃生通道进行应急处理	10			
专业素养	安全文明操作素养	规范使用设备及工具	10			
		设备、工具摆放合理	10			
方法能力	自主学习能力	预习效果好	10			
	理解、总结能力	能正确理解任务，善于总结	10			
	创新能力	选用新方法、新工艺效果好	10			
社会及个人能力	团队协作能力	积极参与，团结协作，有团队精神	10			
	语言沟通表达能力	清楚表达观点，展（演）示效果好	5			
	责任心	态度端正，完成项目认真	5			
合　计			100			
教师签名				日　期		

任务二　工业自动化控制技术应用须知

一、任务描述

亚龙公司技术部小洋受销售部邀请给大家做工业自动化控制的专题技术培

训。具体的培训内容为：

(1) 介绍 PLC 的产生、定义、特点、应用范围及发展趋势；

(2) 三菱 PLC 的软、硬件组成；

(3) 三菱 PLC 的主要技术指标。

二、目标与要求

(1) 了解 PLC 的产生与发展及应用领域；

(2) 掌握 PLC 的基本结构与技术指标；

(3) 理解三菱 FX_{2N} 系列 PLC 的工作过程与工作原理。

三、任务准备

（一）继电器控制系统的优缺点

1969 年之前，继电器控制线路承担着生产过程自动控制和电气控制的艰巨任务，但这种控制线路存在严重的不足，如设备体积大、开关动作慢、功能少、接线复杂、触点容易损坏；现场线路修改麻烦，灵活性差。

（二）PLC 的产生与发展

1. PLC 的产生

世界第一台 PLC 于 1969 年由美国数字设备公司（DEC 公司）研制成功。1970—1980 年为 PLC 的结构定型阶段，主要应用于机床生产线。早期的 PLC 是用来替代继电器、接触器控制的。它主要用于顺序控制，只能实现逻辑运算，因此被称为可编程逻辑控制器。随着电子技术、计算机技术的迅速发展，可编程控制器的功能已远远超出了顺序控制的范围，被称为可编程控制器。

2. PLC 的定义

PLC 是 Programmable Logic Controller 的简称，即可编程控制器。它是以微处理器为基础，综合了计算机技术、自动控制技术和通信技术而发展起来的一种新型、通用的自动控制装置。PLC 是一种数字运算电子系统，专为在工业环境中应用而设计。它采用可编程的存储器，用来在其内部存储执行逻辑运算、顺序控制、定时、计数和算术运算等操作的指令，并通过数字的、模拟的输入和输出，控制各种类型的生产机械或生产过程。

3. PLC 的发展

1980—1990 年：PLC 的普及阶段，其应用向顺序控制的各个工业领域扩展。

1990—2000 年：PLC 的多功能与小型化阶段，其应用由顺序控制向现场控制拓展。

2000 年至今：PLC 的高性能与网络化阶段。应用面向全部工业自动化控制领域。现在的 PLC 是在传统顺序控制器的基础上引入了微电子技术、计算机技术、自动控制技术和通信技术而形成的一代新型工业控制装置，目的是用来取代继电器，执行逻辑、计时、计数等顺序控制功能，建立柔性的程序控制系统。

4. PLC 的特点

PLC 从开始研制到成熟应用只有短短几十年时间。作为工业自动控制的核心器件，PLC 在工业自动控制领域的应用如此广泛，很大程度在于它具备以下两个优势：一是有着强大的功能与很高的可靠性；二是它的程序编写思路与继电器控制电路极为相似，容易为电气技术人员所掌握，因此深受电气技术人员的欢迎。具体来说，它具有如下优点：

①可靠性高，抗干扰能力强。适应不同的工业环境，抗外部干扰强，无故障时间长，系统程序与用户程序相对独立，不容易发生死机现象。

②扩充方便，组合灵活。以基本单元加扩展模块的形式，能满足更多的接口需要与多功能需要。

③编程容易，使用方便。编程语言面向电气工程人员，采用与继电器控制线路相似的梯形图（或顺序控制流程图）进行设计，简洁直观，易于理解和掌握。

④安装、调试、维修方便。只需进行输入/输出接口接线，外部连接线少。有自诊断和动态监控功能，方便调试，可现场进行程序调整与修改。

⑤控制程序可变，具有很好的柔性。

⑥体积小、重量轻，是机电一体化较理想的控制设备。

（三）PLC 的分类

1. 按 I/O 点数分类

微型 PLC（小于 32 点）、微小型 PLC（32 ~ 127 点）、小型 PLC（128 ~ 255 点）、中型 PLC（256 ~ 1024 点）、大型 PLC（1025 ~ 4000 点）、超大型 PLC（4000 点以上）。以上划分不包括模拟量 I/O 点数，且划分界限不是固定不变的。

2. 按结构形式分类

（1）整体式 PLC

整体式 PLC 也称单元式或箱体式 PLC。整体式 PLC 是将电源、CPU、I/O 部件都集中装在一个机箱内，其外形结构如图 1-6 所示。它适用于小型 PLC，包括基本单元和扩展单元。

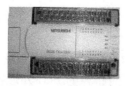

图 1-6　整体式 PLC 的外形结构

（2）模块式PLC

模块式PLC将PLC各部分分成若干个单独的模块，如CPU模块、I/O模块、电源模块和各种功能模块。模块式PLC由框架和各种模块组成，模块插在模块插座上，其外形结构如图1-7所示。一般大、中型PLC采用模块式结构，有的小型PLC也采用这种结构。

图1-7 模块式PLC的外形结构

（3）叠装式PLC

有的PLC将整体式和模块式结合起来，称为叠装式PLC。其外形结构如图1-8所示。

图1-8 叠装式PLC的外形结构

（四）PLC的应用领域

PLC的应用领域很广，目前，PLC在国内外已广泛应用于钢铁、石油、化工、电力、建材、机械制造、汽车、轻纺、交通运输、环保及文化娱乐等各个行业中。最常见的有电梯、交通灯、机械手、企业生产线等。

（五）PLC的基本组成与结构

1．三菱FX$_{2N}$系列PLC的硬件结构与基本组成

虽然PLC的品种很多，不同品种的PLC外形各不相同，但是其结构组成基本相同，都是由型号、输入端子、输入指示灯、输出端子、输出指示灯、状态指示灯、模式转换开关等组成。三菱FX$_{2N}$系列PLC的结构示意图如图1-9所示，其硬件结构如图1-10所示。

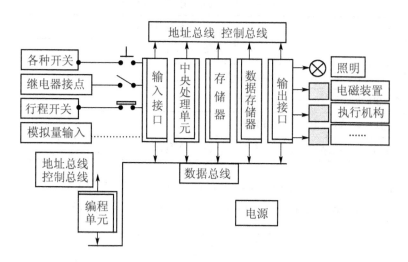

图1-9　三菱 FX_{2N} 系列 PLC 的结构示意图

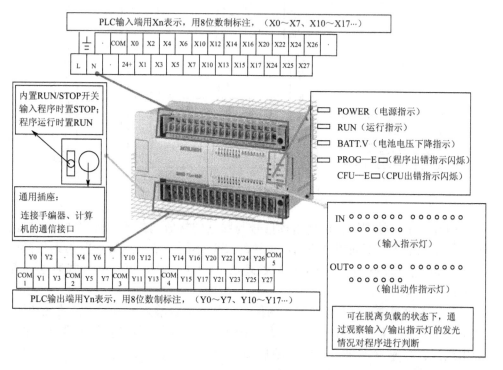

图1-10　三菱 FX_{2N} 系列 PLC 硬件结构图

PLC 的状态指示灯功能如表1-4所示。

表 1 - 4　PLC 的状态指示灯功能表

LED 灯名称	动 作 情 况
IN LED	外部输入开关闭合时，对应的 LED 点亮
OUT LED	程序驱动输出继电器动作时，对应的 LED 点亮
POWER LED	PLC 处于通电状态时，LED 点亮
RUN LED	PLC 运行时，LED 点亮
ERROR LED	程序错误时，LED 闪烁；CPU 错误时，LED 点亮

　　三菱 FX_{2N} 系列 PLC 主要由 CPU 模块、存储器模块、输入模块、输出模块和编程器、通信模块、电源、拓展模块等组成，如图 1 - 11 所示。

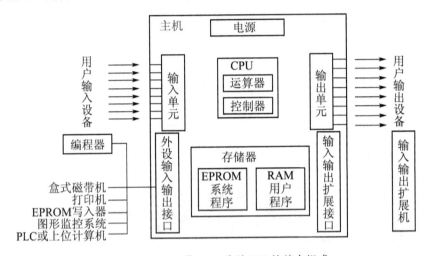

图 1 - 11　三菱 FX_{2N} 系列 PLC 的基本组成

　　CPU 即中央处理器，负责指挥信号与数据的接收与处理、程序执行、输出控制等系统工作。不同型号的 PLC 配置的 CPU 不同，常采用的 CPU 有通用微处理器（8086，80286 等）、单片机微处理器（8031，8096 等）和片式微处理器（AMD29W 等）。

　　输入模块用来采集和接收输入的信号，其开关量输入模块用来接收从按钮、各类开关、传感器、压力继电器等传送来的开关量信号。模拟量输入模块用来接收电位器、测速电动机、伺服电动机和各种变压器提供的连续变化的模拟量信号。

　　输入端子包括 PLC 输入端子和电源输入端子，各端子名称都标记在面板上，电源接线端子分别标有"L"（相线）、"N"（零线）和"--"（接地），其他输入端子分别标记了相应的输入地址编号。PLC 的输入模块示意图如图 1 - 12

所示。

　　输出模块主要用于接触器、电磁阀、电磁铁、指示灯和各种报警类、变频器、调节阀等的动作控制。PLC 的输出模块示意图如图 1 – 13 所示。

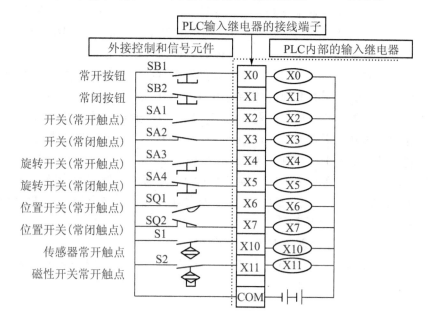

图 1 – 12　PLC 的输入模块示意图

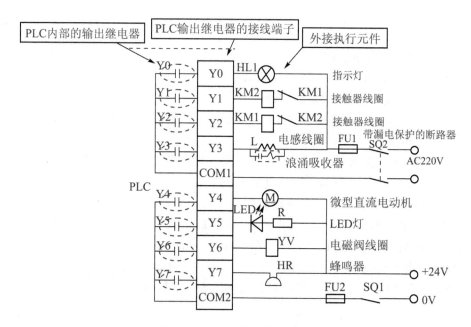

图 1 – 13　PLC 的输出模块示意图

存储器主要有可读/写操作的随机存储器 RAM，只读存储器 ROM、PROM、EPROM、EEPROM。在 PLC 中主要用于存放系统程序和用户程序的相关数据。系统存储器 ROM 内部固化了厂家的系统管理程序与用户指令解释程序，用户不能删改和访问。它完成系统诊断、子程序调用、逻辑运算、通信及各种参数设定的功能。用户存储器 RAM 用于存储用户编写的程序，可由用户根据控制需要进行删改。工作数据是 PLC 运行过程中经常变化、经常取用的一些数据，在 PLC 的存储器中设有存放输入、输出、中间辅助继电器、定时器、计算器等逻辑器件的存储区，部分数据可在断电时用后备电池维持其现有状态。

PLC 配有各种具有通信处理器的通信接口。PLC 通过这些通信接口，可与计算机、触摸屏等硬件设备进行通讯连接。PLC 还安装有扩展接口，在有需要时可以接上各种功能扩展卡，增加 PLC 的功能。

PLC 配有开关电源，为内部提供工作电源，同时也为外部元件提供一个容量不大的 DC 24V 电源，可用于对外部传感器供电。与普通电源相比，PLC 电源的稳定性更好，抗干扰能力强。

2. 三菱 PLC 型号的表示方法

三菱 PLC 型号的表示由五部分组成，分别为系列号、输入/输出点数、单元类型、输出形式、特殊功能。具体表示方法如图 1-14 所示。

$$FX_{(\ )(\ )} - (\quad)\ (\quad)\ (\quad) - (\quad)$$
$$(1)\qquad\quad (2)\quad (3)\quad (4)\qquad (5)$$

图 1-14　三菱 PLC 型号的表示方法

图 1-14 中序号的说明：

(1) 系列号，如 $FX_0 \sim FX_{1S} \sim FX_{2N}$；

(2) 输入/输出点数，取 4～256；

(3) 单元类型：M——基本单元，E——扩展单元，EX——扩展输入，EY——输出扩展；

(4) 输出形式：R——继电器输出（交、直流负载），S——双向可控硅输出（交流负载），T——晶体管输出（直流负载）；

(5) 特殊品种区别：D——直流电源，A——交流电源，S——独立端子（无公共端）扩展模块，H——大电流输出扩展模块，V——立式端子排的扩展模块，F——输入滤波器 1ms 的扩展模块，L——TTL 输入型扩展模块，C——接插口输入输出方式。

例如三菱 FX_{2N}-48MR 的 PLC 的含义如图 1-15 所示。

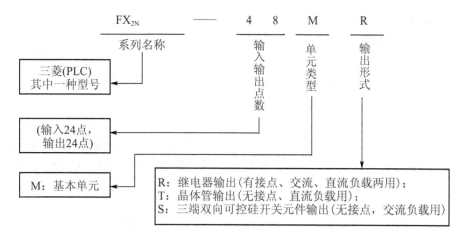

图 1 – 15　三菱 PLC FX$_{2N}$ – 48MR 的含义

（六）PLC 的工作原理

PLC 的 CPU 采用循环扫描的工作方式。一般包括五个阶段：内部诊断与处理、与外设进行通信、集中输入采样、执行用户程序和集中输出刷新，如图 1 – 16 所示。当 PLC 方式开关处于 STOP 时，只执行前两个阶段：内部诊断与处理、与外设进行通信；当 PLC 方式开关处于 RUN 时，五个阶段都要执行。五个阶段所用时间称为一个扫描周期。

PLC 在 RUN 工作模式下，执行一次扫描操作所用的时间称为扫描周期，其典型值为 1 ～ 100ms。扫描周期与用户程序执行的长短、指令的种类、CPU 执行速度有很大的关系。

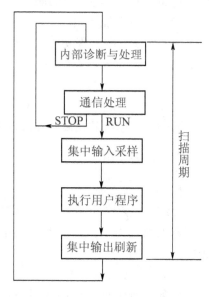

图 1 – 16　PLC 的扫描工作方式

（七）PLC 的主要技术指标

（1）存储容量

存储容量是指用户程序存储器的容量，用户程序存储器的容量可以编制复杂的程序。一般来讲，小型 PLC 的用户程序存储器容量为几千字节，例如 FX$_{2N}$ 系列的存储容量为 8 000 字节，而大型机的存储容量则可达几万字节。

（2）I/O 点数（FX$_{2N}$ – 48MR 各 24 点）

输入/输出点数是 PLC 可以接受的输入信号个数和可以控制输出信号个数的总和，是衡量 PLC 性能的重要指标。I/O 点数越多，外部可接的输入输出设备就越多，控制规模就越大。

（3）扫描速度

扫描速度是指 PLC 执行用户程序的速度，是衡量 PLC 性能的重要指标。一般以扫描 1 000 步程序所用的时间来衡量扫描速度，通常以"ms/千步"为单位。PLC 的扫描速度通常为 10ms/千步。

（4）指令的功能与数量

指令功能的强弱、数量的多少也是衡量 PLC 性能的重要指标。指令的功能越强，数量越多，PLC 的处理能力和控制能力也越强，用户设计的程序越简单方便，越容易完成复杂的控制任务。

（5）内部元件的种类与数量

PLC 编制程序的过程中，需要用内部元件来存放变量、中间结果、保持数据、定时计数、模块设计和各种标志等信息，因此内部元件的数量与种类是衡量 PLC 存储和处理各种信息的能力的重要指标。

（6）特殊功能模块

为了实现一些特殊功能，PLC 还配置了各种特殊功能模块，特殊功能模块的种类与强弱是衡量 PLC 产品的一个重要指标。

（7）可扩展能力

PLC 的可扩展能力包括 I/O 点数的拓展、存储容量的拓展、联网功能的拓展、各种功能模块的拓展。在选择 PLC 时，需要考虑 PLC 的可拓展能力。

四、任务实施

（一）任务分析

介绍的重点在于了解 PLC 的工作过程和扫描工作方式。由于岗前培训的员工逻辑思维能力不强，因此，需结合 PLC 控制典型工作过程的实际效果进行说明。

（二）任务实施计划

任务实施计划如图 1 - 17 所示。

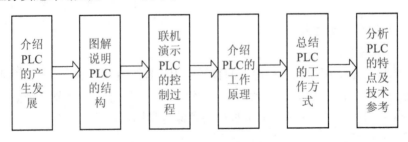

图 1 - 17　任务实施计划

（三）任务实施过程

1．观察 PLC 控制过程（以交通灯控制为例）

PLC 控制交通灯的过程如下：

前期知识准备→元器件选取→连接输入控制部分→连接输出控制部分→连接主电路→连接电源→整理工艺→编写控制程序→PLC 写入程序→调试程序→效果演示。

2．总结 PLC 工作过程

PLC 的工作过程如图 1 – 18 所示。

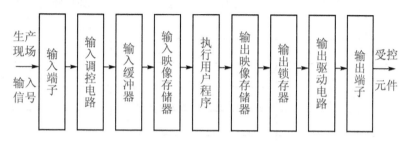

图 1 – 18　PLC 的工作过程

五、思考与练习

填空与简答题

1．PLC 的工作方式是_____。

2．在输出扫描阶段，PLC 将寄存器中的_____内容复制。

3．PLC 一般采用_____与现场输入信号相连。

4．PLC 是在_____控制系统基础上发展起来的。

5．_____是 PLC 每执行一遍从输入到输出所需的时间。

6．PLC 的输出方式为晶体管型时，它适用于_____负载。

7．PLC 的输出方式为继电器型时，它适用于_____负载。

8．PLC 的输出方式为晶闸管型时，它适用于_____负载。

9．工业中控制电压一般是_____（直流还是交流）。

10．世界上第一台 PLC 于_____年诞生_____国。

11．PLC 的主要技术指标是什么？

12．可编程控制器是以_____为基础元件所组成的电气设备。

13．PLC 的整个工作过程分为多少阶段？分别是什么？

14．什么是 PLC？它具有哪些特点？

15．简述 PLC 的工作方式。

实践操作题

根据现有 PLC 报价或到电器市场、工业现场参观了解，选取不同厂家不同型号的 PLC，了解其结构类型、I/O 点数和大体价位以及应用范围，观察 PLC 所属类型及内部基本组成情况，包括电源、CPU、存储器、输入接口、输出接口、通信接口、扩展接口等。将所得结果填入表 1 - 5 中。

表 1 - 5 不同型号 PLC 的调研

PLC 型号	生产厂家	I/O 点数和	参考价格	机型划分	结构形式

六、项目学业评价

1. 请结合 PLC 控制过程的认识和理解，分享学习体会。
2. 填写项目评估表（见表 1 - 6）。

表 1 - 6 工业自动化控制技术应用须知项目评估表

班级		学号		姓名			
项目名称							
评估项目	评估内容	评估标准		配分	学生自评	学生互评	教师评分
专业能力	知识掌握情况	项目知识掌握效果好		15			
	PLC 内部结构	PLC 内部结构分析清晰		15			
	PLC 外部结构，能安装 PLC	PLC 外部结构分析清晰		15			
		能安装与拆卸 PLC		10			
专业素养	安全文明操作素养	规范使用设备及工具		5			
		设备、仪表、工具摆放合理		5			

续表

评估项目	评估内容	评估标准	配分	学生自评	学生互评	教师评分
方法能力	自主学习能力	预习效果好	5			
	理解、总结能力	能正确理解任务，善于总结	5			
	创新能力	选用新方法、新工艺效果好	10			
社会及个人能力	团队协作能力	积极参与，团结协作，有团队精神	5			
	语言沟通表达能力	清楚表达观点，展（演）示效果好	5			
	责任心	态度端正，完成项目认真	5			
合计			100			
教师签名			日　期			

任务三　PLC 控制基础硬件设备检测与保养

一、任务描述

"华材自动化控制公司"选用的设备主要是用于教学培训的 YL – 235A。培训师就 YL – 235A 设备的硬件组成、技术参数、功能、操作要点做了简要培训，并要求小洋为新组装好的一批设备进行出厂检测。具体工作要求如下：

（1）根据设备清单，目视检测元器件是否完整；

（2）利用专用仪表检测电器元件，并填好检查清单；

（3）制定元器件使用异常损害赔偿责任书。

二、目标与要求

（1）能根据设备清单，清点元器件；

（2）能利用仪表检测元器件的质量并准确填写清单。

三、任务准备

YL – 235A 设备是按教学或者竞赛要求组装成具有模拟生产功能的机电一体化设备。整个系统为模块化结构提供开放式实训平台，实训模块可根据不同的实训要求进行组合；整个装置模块之间的连接方式采用安全导线连接，以确保实训和考核的安全。该系统包含了电机驱动、机械传动、气动、触摸屏控制、可编程控制器、传感器、变频调速等多项技术，为学生提供了一个典型的综合实训环境，使学生过去学过的诸多单科的专业知识和基础知识在这里能得到全面的认识、综合的训练和实际的运用。

（一）YL-235A设备的组成及各部件的功能

亚龙YL-235A光机电一体化实训考核装置由铝合金导轨式实训台、典型的机械部件、PLC模块单元、触摸屏模块单元、变频器模块单元、按钮模块单元、电源模块单元、模拟生产设备实训模块、接线端子排和各种传感器等组成。如图1-19所示。

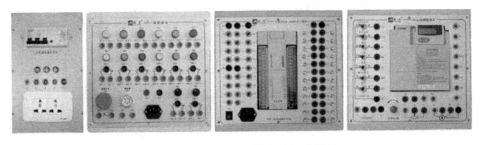

图1-19　YL-235A设备的组成部件

（1）电源模块。三相电源总开关（带漏电和短路保护）、熔断器。单相电源插座用于模块电源连接和给外部设备提供电源，模块之间的电源连接采用安全导线方式连接。所有接口采用安全插座连接。

（2）按钮模块。提供了多种不同功能的按钮和指示灯（DC24V）、急停按钮、转换开关和蜂鸣器。内置开关电源（24V/6A一组，12V/2A一组，）为外部设备工作提供电源。

（3）PLC模块。采用三菱FX_{2N}-48MR继电器输出型PLC。

（4）变频器模块。三菱E540-0.75KW控制传送带电机转动。

（5）警示灯。共有绿色和红色两种颜色。引出线五根，其中并在一起的两根粗线是电源线（红线接"+24"，黑红双色线接"GND"），其余三根是信号控制线（棕色线为控制信号公共端，如果将控制信号线中的红色线和棕色线接通，则红灯闪烁；将控制信号线中的绿色线和棕色线接通，则绿灯闪烁）。

（二）YL-235A设备常见检测方法

1. 元件检测的原则

第一，数量必须与设备清单相符，性能必须经过静、动态检测；第二，应进行绝缘性能检测；第三，开关熔断器类元件应反复检测5次以上，以确保元件灵活可靠，执行类元件应在操作过程中没有明显噪声；第四，在元件未通电时常通过仪表检测阻值判断元件的质量；第五，在元件通电时常通过检测电压判断元件通断情况。

2. 设备检查工具

数字式测量仪表已成为发展主流，有取代模拟式仪表的趋势。与模拟式仪表相比，数字式仪表灵敏度高，准确度高，显示清晰，过载能力强，便于携带，使用更简单。常用的数字测量仪表如图 1 - 20 所示。

图 1 - 20　常用数字仪表

低压验电笔是电工常用的一种辅助安全用具，是用来检验对地电压在 250V 及以下的低压电气设备的，也是家庭中常用的电工安全工具。常见低压验电笔如图 1 - 21 所示。

图 1 - 21　常见低压验电笔

【知识小链接 1】

VC9802 型数字万用表

一、使用方法

1. 使用前，应认真阅读有关的使用说明书，熟悉电源开关、量程开关、插孔和特殊插口的作用。

2. 将电源开关置于"ON"位置。

3. 交直流电压的测量：根据需要将量程开关拨至 DCV（直流）或 ACV（交流）的合适量程，红表笔插入 V/Ω 孔，黑表笔插入 COM 孔，并将表笔与被测线路并联，读数即显示。

4. 交直流电流的测量：将量程开关拨至 DCA（直流）或 ACA（交流）的合适量程，红表笔插入 mA 孔（<200mA 时）或 10A 孔（>200mA 时），黑表笔插入 COM 孔，并将万用表串联在被测电路中即可。测量直流量时，数字万用表能自动显示极性。

5. 电阻的测量：将量程开关拨至 Ω 的合适量程，红表笔插入 V/Ω 孔，黑表笔插入 COM 孔。如果被测电阻值超出所选择量程的最大值，万用表将显示"1"，这时应选择更高的量程。测量电阻时，红表笔为正极，黑表笔为负极，这与指针式万用表正好相反。因此，测量晶体管、电解电容器等有极性的元器件时，必须注意表笔的极性。

二、使用注意事项

1. 如果无法预先估计被测电压或电流的大小，则应先拨至最高量程挡测量一次，再视情况逐渐把量程减小到合适位置。测量完毕，应将量程开关拨到最高电压挡，并关闭电源。

2. 满量程时，仪表仅在最高位显示数字"1"，其他位均消失，这时应选择更高的量程。

3. 测量电压时，应将数字万用表与被测电路并联。测电流时应将数字万用表与被测电路串联，测直流电时不必考虑正、负极性。

4. 当误用交流电压挡去测量直流电压，或者误用直流电压挡去测量交流电压时，显示屏将显示"000"，或低位上的数字出现跳动。

5. 禁止在测量高电压（220 V 以上）或大电流（0.5 A 以上）时换量程，以防止产生电弧，烧毁开关触点。

6. 当显示"BATT"或"LOWBAT"时，表示电池电压低于工作电压。

【知识小链接2】

低压验电笔的使用方法

验电笔主要由工作触头、降压电阻、氖泡、弹簧等部件组成。这种验电笔是利用电流通过验电笔、人体、大地形成回路，其漏电电流使氖泡起辉发光而工作的。只要带电体与大地之间电位差超过一定数值（36V 以下），验电笔就会发出辉光，低于这个数值，就不发光，从而判断低压电气设备是否带有电压。下面简单介绍验电笔的一些用法。

1. 判断交流电与直流电。口诀：电笔判断交直流，交流明亮直流暗；交流氖管通身亮，直流氖管亮一端。使用验电笔之前，必须在已确认的带电体上检测；但在未确认验电笔正常之前，不得使用。判别交、直流电时，最好在"两电"之间作比较，这样就很明显。

2. 判断直流电正负极。口诀：电笔判断正负极，观察氖管要心细；前端明亮是负极，后端明亮为正极。测试时要注意：电源电压为110V 及以上；若人与大地绝缘，一只手触电源任一极，另一只手持电笔，验电笔金属头触及被测电源另一极，氖管的前端发亮，所测触的电源是负极；若氖管的后端发亮，所测触的电源是正极。

3. 判断直流电源正负极接地。口诀：电笔前端闪亮光，正极接地有故障；亮光靠近手握端，接地故障在负极。发电厂和变电所的直流系统是对地绝缘的，人站在地上，用验电笔去触及正极或负极，氖管是不应当发亮的，如果发亮，则说明直流系统有接地现象；若发亮在靠近笔尖的一端，则是正极接地；若亮点在靠近手握的一端，则是负极接地。

4. 判断同相与异相。口诀：判断两线相同异，两手各持笔一支，两脚与地相绝缘，两笔各触一根线，用眼观看一支笔，不亮同相亮为异。进行此项测试时，切记两脚与地必须绝缘。因为我国的供电大部分是380V/220V供电，且变压器普遍采用中性点直接接地，所以做测试时，人体与大地之间一定要绝缘，避免构成回路造成误判；测试时，两笔亮与不亮显示一样，故只看一支即可。

四、任务实施

（一）任务分析

设备的出厂检测通常包括设备零部件清点、静态测试、运行测试等环节。出厂验收报告必须有设备清单的现场检测与客户签名确认。为此，完成任务的关键在于熟悉设备和硬件清单的填写。

（二）任务实施计划

任务实施计划如图1-22所示。

（三）任务实施过程

任务实施过程如下：

领取设备清单→目测检查种类/数量并

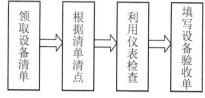

图1-22　任务实施计划

登记→领取检测用万用表→选择欧姆R×100挡位冷检测开关类元件→选择直流电压50V挡位检测直流24V/12V电源→选择交流电压500V挡位检测各模块输入电源是否正常→为按钮模块指示灯、设备警示灯、蜂鸣器接通电源→逐一检测元件质量情况→填写验收报告清单。

注意事项：在通电检测设备的过程中，应合理选择万用表的量程。

五、思考与练习

填空与简答题

1. YL-235A设备由_____模块、_____模块、_____模块、_____模块和_____模块组成。

2. 电器元件检测的基本原则是_____。

3. YL-235A设备可分别提供_____V电压，用于_____模块；_____V电压，用于_____模块；_____V电压，用于_____模块。

4. YL-235A设备采用的是_____型号输出型PLC，YL-135设备采用的是_____型号输出型PLC。

5. YL - 235A 设备采用的是_____型号_____型变频器。

6. YL - 235A 设备中的指示灯为_____型灯，通常采用_____方式检测质量。

7. 如何快速检测 PLC 模块上各输入、输出点的通断情况？

8. 按照国家电气绘图标准，自锁常开按钮 SB1、复位常闭按钮 SB5、急停按钮 QS、蜂鸣器 HA、转换开关 SA、指示灯 HL1 的电气符号分别是什么？

9. 在实验室实训时，应注意哪些安全措施？

实践操作题

请按照出厂检测的要求完成 YL - 235A 设备的硬件清点与检测，并填写相应的验收清单（见表1 - 7、表1 - 8）。

表1 - 7　工位设备硬件验收清单

序号	名　称	型号及规格	数量	单位	领取登记	检查记录
1	实训桌	1 190mm × 800mm × 840mm	1	张		
2	触摸屏模块单元	MT5000	1	块		
3	PLC 模块单元	FX_{2N} - 48MR	1	台		
4	变频器模块单元	E700	1	台		
5	电源模块单元	三相电源总开关（带漏电和短路保护）	1	个		
		熔断器	3	个		
		单相电源插座	2	个		
		安全插座	5	个		
		24V/6A 电源	1	组		
		急停按钮	1	只		
		转换开关	2	只		
		蜂鸣器	1	只		
		12V/2A 电源	1	组		

续表

序号	名　　称	型号及规格	数量	单位	领取登记	检查记录
6	按钮模块单元	复位按钮（黄、绿、红）	1	只		
		自锁按钮（黄、绿、红）	1	只		
		24V 指示灯（黄、绿、红）	2	只		
7	物料传送机部件	直流减速电机（24V）	1	个		
		光电开关	1	套		
		送料盘	1	个		
		送料盘支架	1	组		
8	气动机械手部件	单出双杆气缸	3	只		
		单出单杆气缸	1	只		
		气手爪	1	只		
		旋转气缸	1	只		
		电感式接近开关	2	只		
		磁性开关	5	只		
		缓冲阀	2	只		
		非标螺丝	2	只		
		双控电磁换向阀	4	只		
9	皮带输送机部件	三相减速电机（380V，输出转速 940r/min）	1	台		
		平皮带 1 355mm × 49mm × 2mm	1	条		
		输送机构	1	套		
		单出单杆气缸	3	只		
10	物件分拣部件	金属传感器	1	只		
		光纤传感器	2	只		
		光电传感器	1	只		
		磁性开关	6	只		
		物件导槽	3	个		
		单控电磁换向阀	3	只		

续表

序号	名　称	型号及规格	数量	单位	领取登记	检查记录
11	接线端子模块	接线端子	1	套		
		安全插座	1	套		
12	物料	金属	5	个		
		尼龙黑	5	个		
		尼龙白	5	个		
13	安全插线		1	套		
14	气管	$\phi4/\phi6$	1	套		
15	PLC 编程线缆	亚龙	1	条		
16	线架		1	个		

责任人签名：

学科班长签名：　　　　　　　　　　　　　　科任老师签名：

表 1-8　异常情况记录表

日期	班级	内容	设备异常情况概述	具体综述	使用人签名	学科班长签名
			1. 违反操作规程导致设备损坏			
			2. 未经许可擅自操作造成仪器损坏			
			3. 恶意破坏或盗窃实训室设备			

处理建议：

科任老师签名：

六、项目学业评价

1. 请结合设备验收过程，分享设备使用过程中的注意事项。

2. 填写项目评估表（见表 1-9）。

表 1-9　设备检测项目评估表

班级		学号		姓名	
项目名称					
评估项目	评估内容	评估标准	配分	学生自评	学生互评	教师评分
专业能力	知识掌握情况	项目知识掌握效果好	10			
	设备概况	了解 YL-235A 设备的结构	10			
	设备检测	能选择合适工具检测设备	10			
专业素养	安全文明操作素养	规范使用设备及工具	10			
		设备、仪表、工具摆放合理	10			
方法能力	自主学习能力	预习效果好	10			
	理解、总结能力	能正确理解任务，善于总结	10			
	创新能力	选用新方法、新工艺效果好	10			
社会及个人能力	团队协作能力	积极参与，团结协作，有团队精神	10			
	语言沟通表达能力	清楚表达观点，展（演）示效果好	5			
	责任心	态度端正，完成项目认真	5			
合　计			100			
教师签名			日　期			

任务四　PLC 控制编程软件的安装与使用

一、任务描述

"华材自动化控制"公司采用的 PLC 均为三菱 FX_{2N} 系列产品。岗前培训中，公司要求小洋利用程序对 PLC 的输入输出模块进行检测。具体要求如下：

（1）安装运行 GX Developer 软件；

（2）输入 PLC 自动检测程序；

（3）联机调试检测 YL-235A 设备中的 PLC 模块是否正常。

二、目标与要求

（1）能安装运行 GX Developer 软件进行 PLC 程序的编写；

（2）能使用 GX 输入自动检测程序检测 PLC 的输入输出状态。

三、任务实施准备

国际电工委员会的 PLC 编程语言标准中有 5 种编程语言，分别为梯形图（LD）、指令表（IL）、顺序控制图（SFC）、功能块图（FBD）、结构文本（ST）。目前使用最广的是顺序控制图、梯形图、指令表。

梯形图（LD）是使用最广泛的 PLC 图形编程语言，它主要由触点、线圈、应用指令组成。由于梯形图与继电器控制系统的电路图相似，直观易懂，因此在 PLC 程序设计时，常采用梯形图语言。

PLC 指令是一种助记符表达式，由具体指令组成的程序流叫作指令表程序。由于指令表程序中的逻辑关系表达不直观、录入速度较快，因此常用于程序语言的快速录入。如果使用手持编程器，必须将梯形图转换成指令表后再写入 PLC。

顺序控制图（SFC）是描述控制系统的控制过程、功能和特性的一种图形编程语言，它主要由步、转换和动作组成。在设计复杂系统的 PLC 控制程序时，建议使用顺序控制图编程。

（一）PLC 编程软件概述

不同系列的 PLC 应用不同的编程软件，FX 系列可编程控制器应用的编程软件主要有 SWOPC – FXGP/WIN – C，GX Developer 等。以上两种软件在应用时基本相似，其中 SWOPC – FXGP/WIN – C 适用于 FX 系列的可编程控制器；GX Developer 适用于作 Q 系列、QnA 系列、A 系列（包括运动控制（SCPU））、FX 系列的 PLC。本书选用 SWOPC – FXGP/WIN – C 为主要编程软件。

1. SWOPC – FXGP/WIN – C 软件的操作环境

SWOPC – FXGP/WIN – C 编程软件对微机的基本环境的要求是：IBM/AT 机或兼容机，CPU 为 486 SX 或更高，8M 以上内存，硬盘 10M 以上，显示器解析度为 800 × 600 点 16 色或更高，鼠标必备，Windows98/ME/2000/XP 操作系统。

2. 计算机与 PLC 的通信连接

计算机与 PLC 的连接可以用三菱公司的 SC – 08 型电缆线串接 SC – 09 型电缆线，SC – 08 的 9 针插头接微机的 RS232 串行口，SC – 09 的圆形插头接 PLC 的通信口，如图 1 – 23 所示。

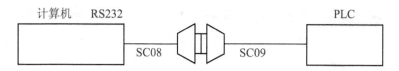

图 1 - 23 　 计算机与 PLC 的通信连接

3．软件的安装

SWOPC - FXGP/WIN - C、GX Developer 软件安装时请结合安装指南运行 set-up. exe 文件，根据软件的安装提示进行操作。

（二）SWOPC - FXGP/WIN - C 软件的运行

在运行编程软件之前，首先应该做好如图 1 - 23 所示的计算机与 PLC 的通信连接，再进入 Windows，双击运行 SWOPC - FXGP/WIN - C 图标，进入软件的编辑页面。

1．具体运行步骤

（1）双击运行 SWOPC - FXGP/WIN - C 编程软件。

（2）设置 PLC 类型，如图 1 - 24 所示。

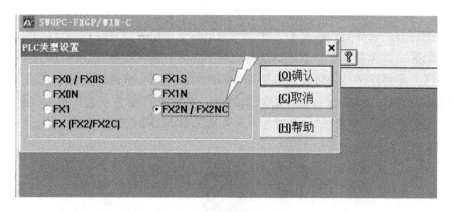

图 1 - 24 　 PLC 类型设置

（3）编程软件窗口及应用。编程软件窗口屏幕分为 5 个区域：标题栏、菜单栏、工具栏、状态栏和工作区，如图 1 - 25 所示。

工具栏 菜单栏 标题栏

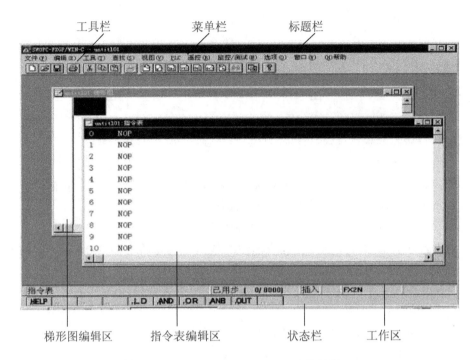

梯形图编辑区　　　　指令表编辑区　　　　状态栏　　　工作区

图 1 – 25　SWOPC – FXGP/WIN – C 软件窗口

编程前先选择编程语言的方式。当选用指令表编程方式时，用鼠标点击指令表编辑区，其标题栏变为蓝色，成为当前工作区。当使用指令表编程时，梯形图编辑区立即将程序自动转换成梯形图，因此可以同时生成两个文件；当选用梯形图编程方式时，用鼠标点击梯形图编辑区，其标题栏变为蓝色，成为当前工作区。点击菜单栏［视图］—［功能］，将显示梯形图的绘图工具，如图 1 – 26所示。

串联常开触点　　　　　　　　　　　　　　串联常闭触点
并联常开触点　　　　　　　　　　　　　　并联常闭触点
串联上升沿触点　　　　　　　　　　　　　串联下降沿触点
并联上升沿触点　　　　　　　　　　　　　并联下降沿触点
输出线圈　　　　　　　　　　　　　　　　功能指令
横线　　　　　　　　　　　　　　　　　　竖线
横线的删除　　　　　　　　　　　　　　　竖线的删除

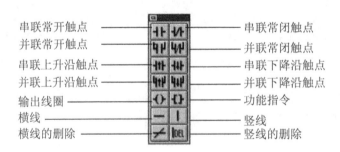

图 1 – 26　梯形图绘图工具

在初次使用软件时，建议选用梯形图语言方式。编辑梯形图时，首先确定光标位置，在绘图工具栏内点击欲用的元件，此时出现一个对话框，输入元件号后，元件图形出现在原光标位置，如图 1 – 27 所示。按照这种方法，逐一将元件加到梯形图上。

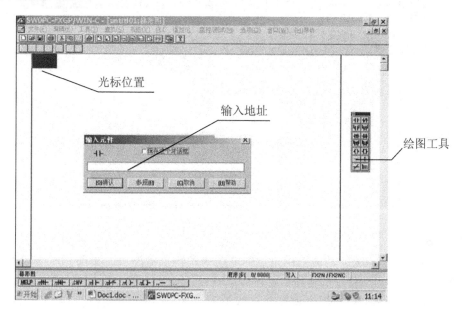

图 1 – 27　常开触点 X0 的输入

2. 菜单常用命令介绍

（1）"查找"的下拉菜单如图 1 – 28 所示。

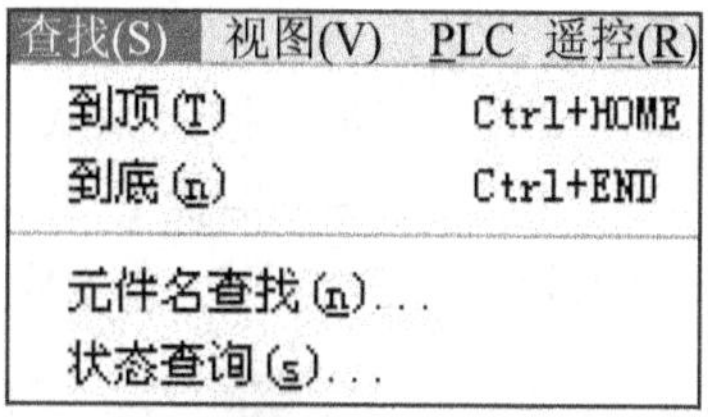

"到顶"——光标跳到开始步的位置显示程序（与工具栏中"Ctrl + HOME"功能相同）；

"到底"——光标跳到最后一步显示程序（与工具栏中"Ctrl + END"功能相同）；

图 1 – 28　"查找"的下拉菜单

"元件名查找"——显示元件查找对话框，输入待查元件，点击〈运行〉按钮或按〈ENTER〉键，光标移动到输入元件处；

"状态查询"——执行该操作后，显示待查询状态对话框，输入待查的指令，点击〈运行〉按钮或按〈ENTER〉键，光标移动到查找的指令处。

（2）"程序检查"命令。执行［选项］—［程序检查］菜单命令后，出现程序检查对话框，可以检查语法错误、双线圈错误和电路错误，如图 1 – 29 所示。

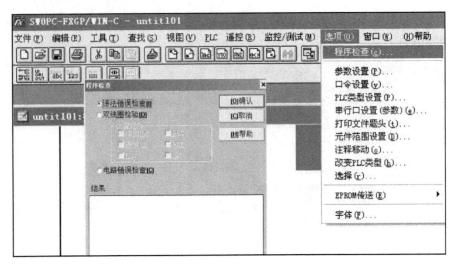

图1-29　"程序检查"下拉菜单

（3）"程序传送"功能。用指定的电缆线及转换器连接，实现PLC与计算机之间的通信，实现程序的传送，如图1-30所示。

"读入"——将PLC中的程序传送到计算机。操作方法：执行［PLC］—［传送］—［读入］菜单命令；

"写出"——在PLC设置为"STOP"时，将计算机的程序发送到PLC中。操作方法：执行［PLC］—［传送］—［写出］菜单命令，此时出现写出对话框，回答对话框并按〈确认〉按钮后完成；

"核对"——将计算机及PLC中的程序加以比较校验。操作方法：执行［PLC］—［传送］—［核对］菜单命令。

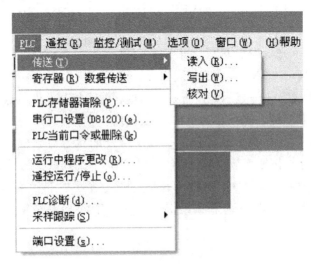

图1-30　程序"传送"下拉菜单

（4）"监控/测试"下拉菜单。PLC 在运行时，可以利用"监控/测试"功能，监控元件、触点或线圈的工作情况，亦可以修改定时器与计数器的设定值。如图 1-31 所示。

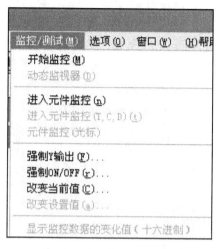

"进入元件监控"——出现一个元件监控对话框，在此对话框中可以依次输入元件名。当元件工作时，该元件的当前值为"ON"，当元件未工作时，该元件的当前值为"OFF"。

"强制 Y 输出"——出现强制 Y 输出对话框，填写 Y 元件号，选择"ON/OFF"，再按〈确认〉按钮，可以强制 Y 的输出。

"开始监控"——在 PLC 置于"ON"位置，检测程序执行情况，当元件工作时，该元件旁将出现一个绿色的小方块，表示该元件或触点线圈已工作。

图 1-31　"监控/测试"下拉菜单

3. 程序检查

运行"程序检查"命令，检查是否有语法错误、双线圈错误和电路错误。完成梯形图检测后，还要点击 来转换梯形图。若梯形图无错误，则灰色区域恢复成白色。有错误则出现有错误对话框（为提高梯形图编辑的效率，建议定时检查转换，及时改错）。如图 1-32 所示。

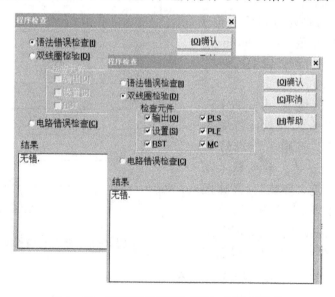

图 1-32　对程序进行语法错误、双线圈检验

4. 程序传送

执行［PLC］—［传送］—［写入］菜单命令。在写入对话框中，设定好起始步与终止步，并按〈确定〉按钮，稍等片刻，写入操作即可完成，参考程序如图1－33所示。

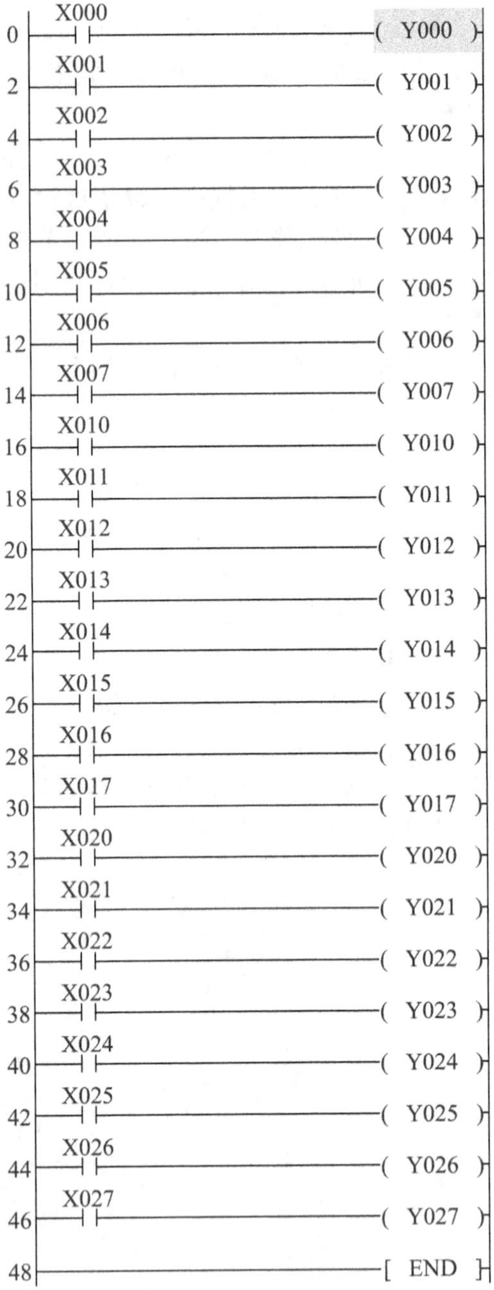

5. PLC 试运行

将 PLC 设置为"RUN"状态，此时可观察到 PLC 的闭合 X0，则与之对应的 Y0 灯点亮；闭合 X1，则与之对应的 Y1 灯点亮……依此类推，可以检测所有的输入和输出继电器的工作情况。

6. 监控/测试

执行"监控/测试"菜单命令，监控 X0 ～ X27 及 Y0 ～ Y27 元件。

（三）GX Developer 软件的运行

在实际中，也经常使用 GX Developer 编程软件，该编程软件可用于 Q/FX 等系列的 PLC。

下面以安装 GX Developer 8.34L－C 软件为例，说明安装过程中的注意事项。

先安装"环境"，再安装主程序。三菱 PLC 大部分软件都要先安装"环境"，否则不能继续安装。如果不能安装，系统会主动提示你需要安装"环境"。具体操作可根据"安装说明"进行。

安装过程中，"监视专用"这里不能打"√"，否则软件只能监视。这个地方也是出现问题最多的地方。

图 1－33　PLC 自检程序

1. 三菱 PLC GX Developer 软件的运行

本软件的运行与 FX – WIN – C 软件一样，在运行编程软件之前，首先应该做好计算机与 PLC 的通信连接，再进入软件的编辑页面。具体运行步骤如下：

（1）创建一个新工程

创建工程时，先设定 PLC 的型号、程序类型和工程名。

（2）进入编辑界面

完成创建后，将进入如图 1 – 34 所示的 GX 编程界面，其主要内容与功能如表 1 – 10 所示。

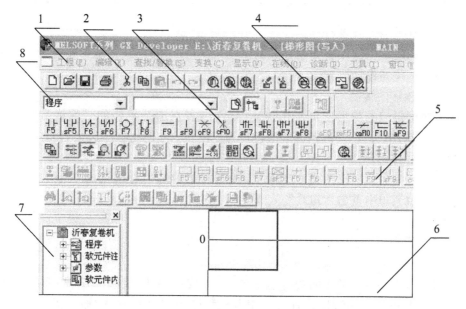

图 1 – 34　GX Developer 软件的编辑界面

表 1 – 10　GX Developer 软件的主要编辑功能

序号	名　称	内　容	功　能
1	常用菜单栏	工程、编辑、查找/替换、变换、显示、在线、诊断、工具、窗口	
2	标准工具条	常用菜单栏中的标准工具	
3	梯形图标记	梯形图编辑中需要的常开、常闭触点、输出线圈、应用指令等	梯形图的直观、快捷编辑
4	程序工程条	梯形图、指令表编辑、监控、读入/写出等	编辑格式、监控、连接状态的转换

续表

序号	名　称	内　容	功　能
5	SFC 工具条	SFC 程序的块处理	SFC 程序的块处理、块变换、信息设置、监视、排序等
6	操作编程区	程序的编辑、修改、监控等	程序的操作控制
7	工程参数列表	程序、参数、注释、编程元件内存等	可设置内容的参数
8	数据切换	程序、参数、注释、编程元件	可在四者之间切换

（3）编写梯形图程序

梯形图的编辑操作步骤及含义与 FX－WIN－C 编程软件基本相似，可参考 FX－WIN－C 编程软件进行。

（4）程序的转换

经过编辑后的梯形图可利用快捷键 F4 或者点击菜单栏的〈变换〉键进行"转换"，转换后的程序编辑区的底色变为白色后，才能将程序送至 PLC。

（5）程序的传送

经过转换后的梯形图程序可通过点击菜单栏中的"在线（O）"弹出下拉菜单，在下拉菜单中点击"PLC 写入（W）"。

四、任务实施

（一）任务分析

本项目主要包含两方面的内容：首先要求安装 SWOPC－FXGP/WIN－C 编程软件并输入 PLC 控制程序；其次利用自检程序控制 PLC 输入/输出指示灯的变化；最后通过观察指示灯检测 PLC 运行情况，并理解 PLC 工作过程。

（二）任务实施计划

任务实施计划如图 1－35 所示。

（三）任务实施过程

编写自检程序→安装编程软件→初始化设置→录入自检程序→程序检查并写入 PLC→运行 PLC→检查 PLC 输入输出状态→填写质量清单并删除程序。

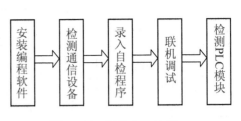

图 1－35　任务实施计划

五、思考与练习

填空与简答题

1. PLC 编程语言有_____、_____、_____和_____。

2. 计算机与 PLC 的通信连接采用_____通信口。

3. 程序在写入 PLC 之前，一定要先进行_____，可用快捷键_____。PLC 处于_____状态。

4. PLC 运行时，应置于_____状态。若需要对计算机中的程序进行监控，则可按下_____快捷键。

5. 在输入新的 PLC 程序之前，应对 PLC 进行_____，防止其出现误动作。

6. FX$_{2N}$系列 PLC 最多可以写_____步程序。当 PLC 的 LED 指示灯 ER-ROR 亮起表示_____。

7. PLC 程序写入的操作步骤是什么？

实践操作题

利用所学知识，用两种方法对三菱 PLC 的输入输出点进行检测。

六、项目学业评价

1. 请结合 PLC 输入/输出点的检测，分析交流程序自动检测的优缺点。

2. 填写项目评估表（见表 1 - 11）。

表 1 - 11　PLC 控制编程软件的安装与使用项目评估表

班级		学号		姓名			
项目名称							
评估项目	评估内容	评估标准		配分	学生自评	学生互评	教师评分
专业能力	知识掌握情况	项目知识掌握效果好		10			
	软件安装	软件安装符合要求		5			
	梯形图程序编辑	能利用指令表程序编辑		10			
		能利用梯形图程序编辑		15			
	程序检查与运行	程序检查功能的正确使用		5			
		程序的正确传送		5			
		程序的运行		5			
		程序的监控/测试		5			

续表

评估项目	评估内容	评估标准	配分	学生自评	学生互评	教师评分
专业素养	安全文明操作素养	规范使用设备及工具	5			
		设备、仪表、工具摆放合理	5			
方法能力	自主学习能力	预习效果好	5			
	理解、总结能力	能正确理解任务，善于总结	5			
	创新能力	积极进行项目拓展，效果好	5			
社会及个能力	团队协作能力	积极参与，团结协作，有团队精神	5			
	语言沟通表达能力	清楚表达观点，展（演）示效果好	5			
	责任心	态度端正，完成项目认真	5			
合　计			100			
教师签名			日　期			

学习情境二　陶瓷机械继电器控制线路的 PLC 实现

课程名称：PLC 技术基础与应用	适用专业：机电一体化专业
学习情境名称：继电器控制线路的 PLC 实现	建议学时：28 学时

一、学习情境描述

本学习情境包含 5 个任务。以广东省中级电工维修考证技能为核心，以继电器控制的点动、自锁、正反转、顺序启动、Y - Δ 降压启动线路的 PLC 实现为典型任务。

本学习情境的内容涵盖了知识、技能、职业能力三大方面。其中知识内容主要涉及 PLC 的扫描工作方式，输入、输出、中间辅助继电器的选择，基本定时器的应用，基本指令、工业自动化控制过程等内容。技能方面则涉及利用基本指令的编程方法编制程序、PLC 的输入输出外部接线。职业能力方面则要求学生在重复的工作过程中养成良好的工作习惯，在不同工作任务的实施过程中自主建构符合自身认知规律的专业技能知识，突出学生学习的主动性和主体地位。

二、能力培养要点（见表 2 - 1）

表 2 - 1　能力培养要点

序号	技能与学习水平		知识与学习水平	
	技能点	学习水平	知识点	学习水平
1	PLC 设备的运行前检测	能根据场室要求，自行检测设备的运行情况	PLC 的基本组成和外部接线	能根据任务需要连接电路
2	电动机 PLC 控制的外部输入、输出接线	能根据任务书的要求，绘制并自行安装外部输入、输出电路	PLC 的扫描工作方式	能理解程序动作过程
3	能控制一台电动机的点动动作	能利用 PLC 控制一台电动机的点动	PLC 取(LD)、输出(OUT) 指令的应用	能利用基本指令控制一台电动机的点动
4	能控制一台电动机的连续动作	能利用 PLC 控制一台电动机的连续单向运转	PLC 或取（OR）、取反（LDI）指令的应用	能利用基本指令控制一台电动机的连续单向运转

续表

序号	技能与学习水平		知识与学习水平	
	技能点	学习水平	知识点	学习水平
5	能控制一台电动机的双向动作	能利用PLC控制一台电动机的连续双向运转	PLC 或取（OR）、取反（LDI）指令的应用	能利用基本指令控制一台电动机的连续双向运转
6	能控制两台电动机的顺序启动、同时停止	能利用PLC控制两台电动机顺序启动、同时停止	定时器的使用	能利用内部定时器控制两台电动机的顺序启动、同时停机
7	能控制多台电动机的顺序启动、逆序停止	能利用PLC控制多台电动机的顺序启动、逆序停止	主控指令的应用	能利用主控指令实现多台电动机的顺序启动、逆序停止

任务一　陶瓷抛光机刀头进给电动机的点动控制

一、任务描述

小洋作为××陶瓷机械自动化控制有限公司的技术员，要求对某陶瓷机械制造厂的润滑液喷嘴的前进、后退进行自动化改造。具体控制要求：按下喷液按钮 SB1 后，润滑液进给电动机转动工作；放开喷液按钮 SB1 后，润滑液进给电动机自动停止。图 2 - 1 所示为润滑液进给电动机模型。

图 2 - 1　润滑液进给电动机

二、目标与要求

（1）能正确选用编程元件输入、输出继电器；

（2）能应用基本逻辑指令 LD，LDI，AND，ANI，OUT，END；

（3）掌握将继电器电路图改编成 PLC 程序控制的基本方法；

（4）会用 PLC 继电器逻辑运算梯形图程序设计方法。

三、任务准备

（一）输入继电器 X 的应用

输入继电器 X 用于存放外部输入电路的通断状态。用八进制编号表示，如：X000 ～ X007，X010 ～ X017……，FX_{2N} – 48MR 的输入继电器编号为 X000 ～ X027。由于输入继电器只是外部开关电路的内部映像，所以在梯形图中可以任意使用它的常开触点和常闭触点，但是不能使用它的线圈。

（二）输出继电器 Y 的应用

输出继电器 Y 用于从 PLC 直接输出物理信号。用八进制编号表示，如：Y000 ～ Y007，Y010 ～ Y017……。FX_{2N} – 48MR 的输出继电器编号为 Y000 ～ Y027。由于输出继电器能将 PLC 逻辑运算结果的输出信号通过输出模块驱动外部设备如接触器、电磁阀、指示灯等的动作，所以在梯形图中不但可以任意使用它的常开触点和常闭触点，还需要根据控制要求设计线圈的状态，即输出继电器是可读、可写的。

（三）PLC 继电器逻辑编程的基本方法

所有 PLC 的编程都是以继电器逻辑控制为基础而进行的，因此在 PLC 改造继电器系统时，常采用继电器逻辑电路来设计梯形图。这种设计方法保持了继电器系统原有的外部特性，因此深受有一定继电器基础知识的电气技术人员欢迎。

图 2 - 2 所示为某电动机点动控制电路工作原理示意图，其系统执行过程为：按下按钮 SB1→接触器 KM 线圈吸合→电动机单向转动。

若将此电路改造为 PLC 控制，可将梯形图程序假想为控制箱，输入继电器与控制箱外的控制元件

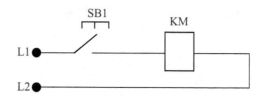

图 2 - 2　电动机点动控制电路工作原理示意图

（如：各类的按钮、开关、传感器等）相连；输出继电器与控制箱外的执行动作机构（如接触器、电磁阀、电动机、指示灯等）相连。在分析和设计梯形图时，可以先做以下假设：将左母线假设成电源线，右母线假设成地线；将输入继电器（X）的触点想象成对应控制元件的触点；将输出继电器（Y）的线圈想象成对应的执行动作机构的线圈。然后结合继电器逻辑的控制来设计梯形图程序。PLC

控制系统的具体执行过程如图2-3所示。

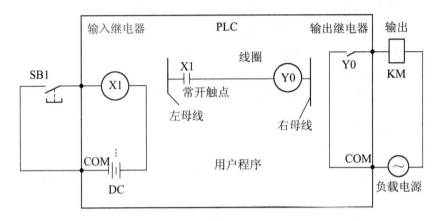

图2-3 PLC控制系统执行过程

继电器逻辑编程设计的基本步骤：

（1）熟悉并理解继电器电路的控制原理和控制要求；

（2）确定PLC控制系统的输入、输出，并列出I/O分配表；

（3）根据PLC控制系统的I/O分配表绘制PLC的电气原理图；

（4）确定与继电器电路图的中间继电器、时间继电器对应的辅助软元件；

（5）根据继电器图"翻译"出梯形图；

（6）根据程序优化的基本原则对梯形图程序进行优化设计。

针对比较复杂的PLC梯形图程序进行设计时，建议采用继电器逻辑运算的方法进行梯形图程序设计。继电器逻辑编写的程序执行是对每一梯级进行逻辑运算，将最终逻辑运算的结果输送到各梯级最后面的输出线圈中。例如，数控机床设备的初始化检测项目的控制要求：只有在主轴卡盘限位开关（X1）、润滑液感应传感器X2都满足条件（接通为"ON"）时，按下启动按钮SB1（X3），主轴电动机（Y0）才能带电转动。其参考程序如图2-4所示。

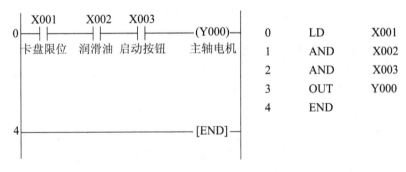

图2-4 数控车床初始化检测控制的梯形图、指令表程序

程序中输出线圈 Y0 的结果是输入继电器 X1，X2，X3 串联（逻辑与）运算的结果。即：当 X1，X2，X3 同时为"ON"时，输出 Y0 为"ON"。其状态时序如图 2-5 所示。

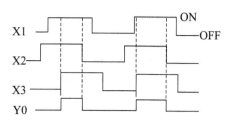

图 2-5　数控车床初始化检测控制的状态时序图

（四）基本逻辑指令 LD，LDI，AND，ANI，OUT，END 的应用

基本逻辑指令的功能如表 2-2 所示。

表 2-2　基本逻辑指令功能表

助记符、名称	功能	梯形图表示	可用软元件	指令表达式	程序步
LD（取）	与左母线相连常开触点	X0	X，Y，M，S，T，C	LD X0	1 步
LDI（取反）	与左母线相连常闭触点	X0		LDI X0	1 步
AND（与）	串联常开触点	X0　　X1		LD X0 AND X1	1 步
ANI（与反）	串联常闭触点	X0　　X1		LD X0 ANI X1	1 步
OUT（输出）	驱动线圈	X0　　　Y0	Y，M，C，S，T	LD X0 OUT Y0	1.5 步
END（结束）	程序结束并返回 0 步	X0　　　Y0 END	无	LD X0 OUT Y0 END	0 步

1. LD，LDI 指令

LD：取指令，用于将常开触点连接在左母线上，表示以常开触点为起点。在使用 ANB，ORB 指令时用于分支的起点。

LDI：取反指令，用于将常闭触点连接在左母线上，表示以常闭触点为起点。在使用 ANB，ORB 指令时用于分支的起点。

2. AND，ANI 指令

AND：逻辑与运算指令，用于串联一个常开触点。

ANI：逻辑与反运算指令（也称与非运算指令），用于串联一个常闭触点。

注意：AND，ANI 可无限次使用。

3. OUT 指令

OUT：驱动线圈指令，直接与右母线相连，表示将运算的结果输送到指定的线圈中。用于对输出继电器（Y）、中间继电器（M）、状态继电器（S）、时间继电器（T）、计数器（C）的线圈进行驱动，不能对输入继电器（X）进行驱动。

注意：并联的 OUT 指令可以多次使用。

4. END 指令

END：顺控程序结束指令，表示顺控程序结束回到"0"步。在程序中，程序执行到 END 后，就直接进行输出的处理和刷新、监视定时器并返回"0"步，END 指令之后的程序不再执行。PLC 在"RUN"状态的首次执行从"END"指令开始。

注意：在有些编程软件中，若没有"END"，则程序会出错或死循环。

（五）用 PLC 实现控制的基本工作步骤

第 1 步：熟悉被控设备的控制系统，分析掌握控制系统的工作原理；

第 2 步：根据控制系统的需要进行 PLC 输入信号、输出设备的合理分配；

第 3 步：绘制 PLC 的外部接线图（也称 I/O 接线图）；

第 4 步：根据 PLC 的外部接线图完成接线与设备安装；

第 5 步：梯形图程序编写并传送给 PLC；

第 6 步：程序调试。

四、任务实施

（一）任务实施准备

任务实施准备的器材如表 2-3 所示。

表 2-3　刀头进给电动机点动控制项目 PLC 控制项目器材表

序号	符号	器材名称	型号、规格、参数	单位	数量	备注
1	PLC	可编程控制器	FX$_{2N}$-48MR	台	1	
2	SB1	按钮开关	LA39-11	个	1	动合
3	M	交流电动机	Y-112M-4 380V	台	1	
4	QF	空气断路器	DZ47-D25/3P	个	1	
5	KM	交流接触器		个	1	
6	FR	热继电器		个	1	
7		计算机	装有 FXGP-WIN-C 或 GX Developer 软件	台	1	
8		连接导线		条	若干	
9		电工常用工具		套	1	

（二）任务实施计划

刀头进给电动机点动控制实施计划如图2-6所示。

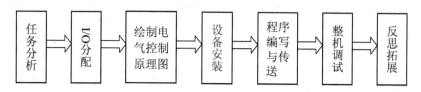

图2-6　刀头进给电动机点动控制实施计划

（三）任务分析

小洋在本次PLC自动控制改造过程中，在保持原有刀头进给电动机的外部特性（电器控制原理图）不变的基础上，对控制部分的供给按钮SB1进行了PLC控制改造，刀头进给电动机点动控制电气原理图及工作原理如图2-7所示。

按下按钮SB1→接触器KM线圈吸合→刀头进给电动机动作；

放开按钮SB1→接触器KM线圈断开→刀头进给电动机停止。

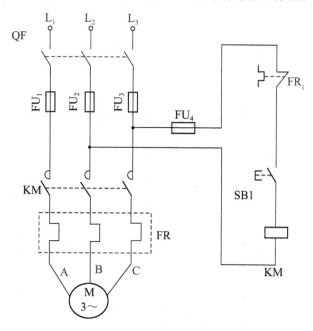

图2-7　刀头进给电动机点动控制电气原理图

（四）任务实施过程

1. 确定PLC的I/O分配表

由任务分析可知：控制元件为按钮SB1，执行元件为接触器KM、交流异步电动机。为了能将继电器的控制、执行元件与PLC的输入、输出继电器一一对应，需要对 PLC 进行 I/O（输入/输出）地址分配（参见表 2-4）。

表 2-4　刀头进给电动机点动控制 PLC 控制项目 I/O 分配表

输入端（I）		输出端（O）	
外接控制元件	输入端子	外接执行元件	输出端子
喷液按钮 SB1 常开触点	X0	接触器 KM 线圈	Y0
热继电器 FR 常闭触点	X1		

2. 画出 PLC 的控制电气原理图

根据项目的 I/O 分配表，进行 PLC 点动控制的电气原理图设计，如图 2-8 所示。

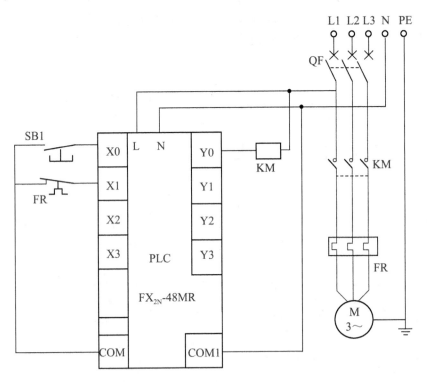

图 2-8　刀头进给电动机点动控制的 PLC 控制电气原理图

3. 按照控制线路原理图安装设备

（1）做好接线准备，如图 2-9 ～ 图 2-11 所示。

图2-9　接线步骤一：裁剪合适长度的导线

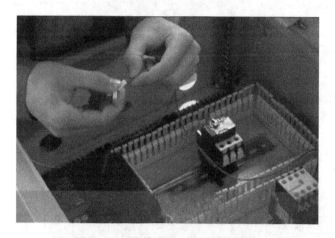

图2-10　接线步骤二：套上编码管

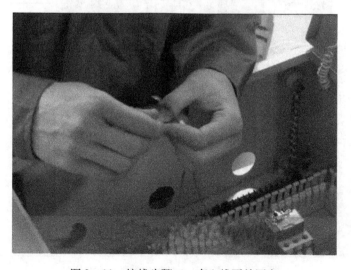

图2-11　接线步骤三：套上线耳并固定

（2）先连接 PLC 控制电路的外接元件，如图 2 - 12 ～ 图 2 - 14 所示。

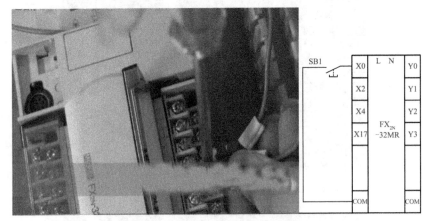

图 2 - 12　连接 PLC 的输入端 X0

图 2 - 13　连接外接控制类元件 SB1

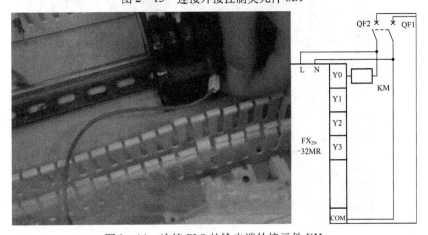

图 2 - 14　连接 PLC 的输出端外接元件 KM

（3）连接电动机控制的主电路和地线，如图2-15所示。

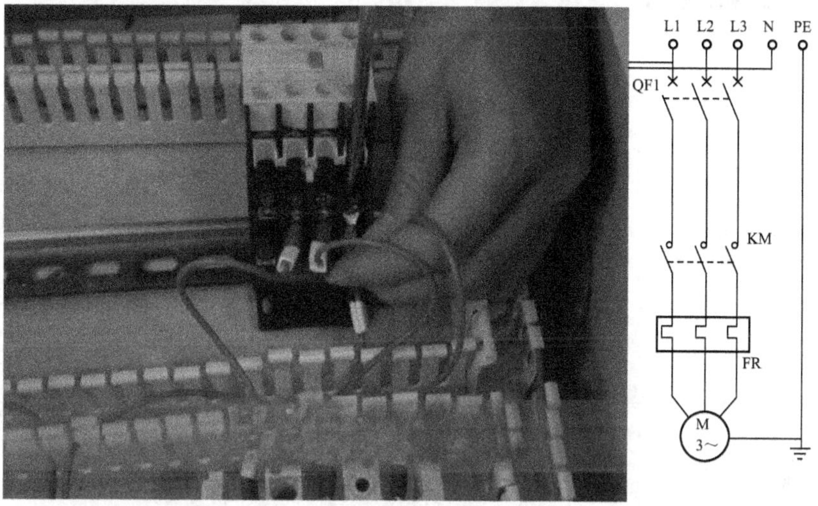

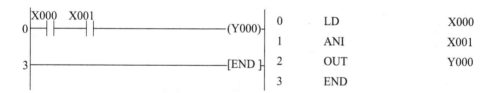

图2-15　连接电动机控制的主电路和地线

5．程序编写与传送

根据继电器逻辑设计的润滑液进给电动机点动控制参考梯形图及指令表程序如图2-16所示。

```
                                    0    LD        X000
X000  X001                          1    ANI       X001
0 ─┤├──┤/├──────────(Y000)─         2    OUT       Y000
                                    3    END
3 ─────────────────[END]
```

图2-16　润滑液进给电动机点动控制的梯形图、指令表程序

按下"喷液"按钮SB1，则输出继电器Y0接通相对的接触器KM，线圈带电吸合，实现润滑液喷液。

松开"喷液"按钮SB1，则输出继电器Y0断开相对的接触器KM，线圈带电断开，实现润滑液停止喷液。

6．程序调试

在计算机中编写的梯形图经过程序检查无误后，进行转换并传送至PLC。联机进行调试，调试过程应包括空载调试与系统调试。

空载调试是在不接通主电路电源的情况下进行的，按下"调试开门"按钮SB1，观察PLC输出指示灯Y0的状态。

系统调试是接通主电路电源，按下"调试开门"按钮SB1，观察接触器

KM、电动机动作是否符合控制要求。

五、思考与练习

程序编写题

1. 请分析如图 2 - 17 所示的梯形图程序能实现的控制要求，并利用状态时序图加以说明。

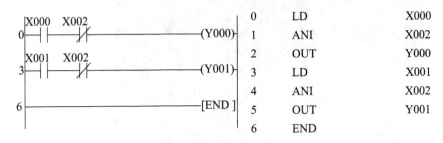

0	LD	X000
1	ANI	X002
2	OUT	Y000
3	LD	X001
4	ANI	X002
5	OUT	Y001
6	END	

图 2 - 17 思考与练习第 1 题：梯形图、指令表

2. 根据如图 2 - 18 所示的梯形图程序，写出相应的指令表程序。

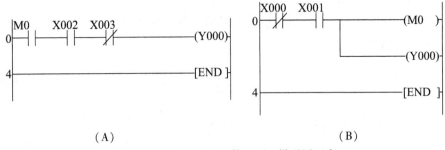

（A） （B）

图 2 - 18 思考与练习第 2 题：梯形图程序

3. 根据如图 2 - 19 所示的指令表程序，写出相应的梯形图程序。

0	LD	X000	0	LD	X000
1	OUT	Y000	1	ANI	X002
2	LDI	X000	2	OUT	M0
3	OUT	Y001	3	OUT	Y000
4	LD	X001	4	LDI	X000
5	LDI	X002	5	ANI	X002
6	OUT	Y002	6	OUT	X001
7	END		7	END	

（A） （B）

图 2 - 19 思考与练习第 3 题：指令表程序

实践操作题

数控车床状态显示系统的控制要求为：在主轴卡盘限位开关 SQ1 满足条件（接通为"ON"）时，按下启动按钮 SB1，交流接触器 KM 线圈吸合，拖动主轴电动机（M0）带电转动，同时对外报警用"运行中"指示灯 HL1 灯（220V/15W）点亮，松开按钮 SB1，M0 停止，HL1 灯熄灭。

六、项目学业评价

1. 请结合电动机点动控制的改造，分享并总结继电器逻辑编程的方法。
2. 填写项目评估表（见表 2 - 5）。

表 2 - 5　刀头进给电动机点动控制项目评估表

班级		学号		姓名			
项目名称							
评估项目	评估内容	评估标准		配分	学生自评	学生互评	教师评分
专业能力	知识掌握情况	项目知识掌握效果好		10			
	合理选择元件	根据题意合理选择元件		5			
	I/O 分配；外部接线及布线工艺	根据 PLC 结构合理分配 I/O		5			
		按照原理图正确、规范接线		5			
	梯形图程序设计	能利用梯形图程序编辑		10			
		程序的正确传送		5			
	程序检查与运行	程序的运行		5			
		程序的监控/测试		10			
专业素养	安全文明操作素养	规范使用设备及工具		5			
		设备、仪表、工具摆放合理		5			
方法能力	自主学习能力	预习效果好		5			
	理解、总结能力	能正确理解任务，善于总结		5			
	创新能力	选用新方法、新工艺效果好		10			

评估项目	评估内容	评估标准	配分	学生自评	学生互评	教师评分
社会及个人能力	团队协作能力	积极参与，团结协作，有团队精神	5			
	语言沟通表达能力	清楚表达观点，展（演）示效果好	5			
	责任心	态度端正，完成项目认真	5			
合　计			100			
教师签名			日　期			

任务二　陶瓷抛光机刀头进给电动机的连续动作控制

一、任务描述

小洋对陶瓷抛光机的刀头主轴运转（见图2-20）进行 PLC 控制与维护。具体控制要求：按下刀头主轴按钮 SB1 后，刀具进给电动机转动，准备工作；放开按钮 SB1，刀具主轴电动机保持动作，直到压下限位开关 SQ1 后，电动机方能停止。

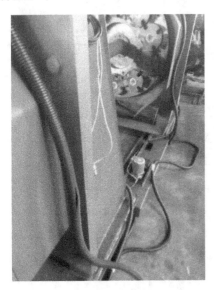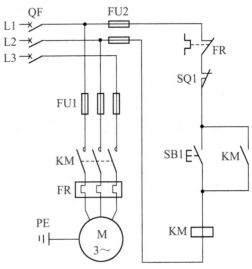

图 2 - 20　抛光机刀头主轴结构示意图

二、目标与要求

（1）能正确选用编程元件中间辅助继电器；

（2）能编写基本"启－保－停"单元的程序控制；

（3）能应用基本逻辑指令 OR，ORI，LDP，LDF，PLS，PLF；

（4）熟悉 PLC 实现控制的基本工作步骤。

三、任务准备

（一）辅助继电器 M

辅助继电器 M 是用软件实现的，它是一种内部的状态标志，相当于继电器控制系统中的中间继电器。它不能接收外部的输入信号，也不能直接驱动外部负载。

1. 通用辅助继电器

FX 系列 PLC 的通用辅助继电器没有断电保持功能。FX_{2N} 累计具有 $M_0 \sim M_{499}$ 共 500 点。

2. 电池后备/锁存辅助继电器

电池后备/锁存辅助继电器可用于记忆电源中断瞬间的状态，重新通电后再现其状态的场合。其具体动作顺序如下：在电源中断时用锂电池保持 RAM 中映像寄存器的内容，或将它们存在 EEPROM 中，它们只是在 PLC 重新通电后的第一个扫描周期保持断电瞬间的状态。FX_{2N} 累计具有 $M_{500} \sim M_{3071}$ 共 2 572 点。

3. 特殊辅助继电器

特殊辅助继电器共 256 点，它们分别用于表示 PLC 的某些状态，提供时钟脉冲和标志，设定 PLC 的运行方式、步进顺控、禁止中断，设定计数器的加/减运算方向等。

（1）触点利用型特殊辅助继电器

这部分特殊辅助继电器由 PLC 系统程序驱动其线圈，在用户程序里直接使用它的触点，但不出现其线圈。例如：

M8000（运行监视）：当 PLC 执行用户程序时（置于"RUN"状态），M8000 为"ON"；停止执行用户程序时（置于"STOP"状态），M8000 为"OFF"。

M8001（初始化脉冲）：M8001 只在 M8000 由"OFF"变成"ON"状态时的一个扫描周期内为"OFF"，M8001 常用于作为初始化标志或者使断电保持功能的元件初始化复位。

M8002（初始化脉冲）：M8002 只在 M8000 由"OFF"变成"ON"状态时的一个扫描周期内为"ON"，M8002 常用于作为初始化标志或者使断电保持功能的元件初始化复位。

M8005（锂电池电压降低）：电池电压下降至规定值时变为"ON"，可以用它的触点驱动输出继电器和外部指示灯，提醒工作人员更换锂电池。

M8031，M8032用于将非保持型、保持型存储器的内容全部清除。该指令常用于初始化或者设备复位。其可清除元件内容如表2-6所示。

表2-6　M8031，M8032可清除元件内容

元件地址号	清除元件
M8031 （非保持区域）	• 输入继电器（X）、输出继电器（Y）、普通辅助继电器（M）、普通状态（S）的接点影像 • 定时器（T）的接点、计时线圈 • 普通计数器接点、计数线圈、复位线圈 • 普通数据寄存器（D）的当前值寄存器 • 定时器（T）的当前值寄存器 • 普通计数器（C）的当前值寄存器
M8032 （保持区域）	• 保持用辅助继电器（M）、保持用状态（S）的接点影像 • 累计定时器（T）的接点、计时线圈 • 保持用计数器和高速计数器的接点、计数线圈、复位线圈 • 保持用数据寄存器（D）的当前值寄存器 • 累计和1ms用定时器（T）的当前值寄存器 • 保持用计数器和高速计数器当前值寄存器

　　M8033，M8034："STOP中的输出保持"和"输出继电器Y的全部停止"。若预先驱动M8033的线圈，则即使PLC由"RUN"变成"STOP"，程序仍然保持输出状态。如图2-21所示。

　　M8034为输出继电器Y全部禁止。通过驱动其线圈清除其锁存寄存器，使所有的输出Y变成

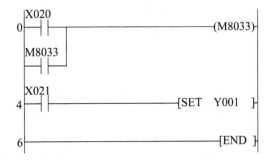

图2-21　STOP中的输出保持

"OFF"，可编程控制器还在影像寄存器中运行，如图2-22所示。

图2-22　输出继电器Y的全部停止

（2）线圈驱动型特殊辅助继电器

这部分特殊辅助继电器由用户程序驱动其线圈，使 PLC 执行规定的操作，用户不使用它们的触点。例如：M8030 的线圈"通电"后，"电池电压降低"，发光二极管熄灭。M8034 的线圈"通电"时，禁止所有的输出，但是程序仍然正常执行。

（二）基本逻辑指令 OR，ORI，LDP，LDF，ORP，ORF，ANDP，ANDF 的应用

基本逻辑指令 OR，ORI，LDP，LDF，ORP，ORF，ANDP，ANDF 的基本功能如表 2-7 所示。

表 2-7　基本指令功能表

助记符、名称	功能	梯形图表示	可用软元件	指令表达式	程序步
OR（或）	并联常开触点	X0 / X1		LD X0 OR X1	1 步
ORI（或反）	并联常闭触点	X0 / X1		LD X0 ORI X1	1 步
LDP（取脉冲上升沿）	左母线开始上升沿检测	X0		LDP X0	2 步
LDF（取脉冲下降沿）	左母线开始下降沿检测	X0	X，Y，M，S，T，C	LDF X0	2 步
ORP（或脉冲上升沿）	上升沿检出并联连接	X0 / X1		LD X0 ORP X1	2 步
ORF（或脉冲下降沿）	下降沿检出并联连接	X0 / X1		LD X0 ORF X1	2 步
ANDP	上升沿检出串联连接	X0　X1		LD X0 ANDP X1	2 步
ANDF	下降沿检出串联连接	X0　X1		LD X0 ANDF X1	2 步

1. OR，ORI 指令

OR：逻辑或运算指令，表示从该步开始与前述指令并联一个常开触点。

ORI：逻辑或反指令，表示从该步开始与前述指令并联一个常闭触点。

注意：OR，ORI 在表示并联时的次数不受限制，建议在 24 行以下。

2. LDP，ORP，ANDP 指令

LDP，ORP，ANDP 指令是用于上升沿检出的触点指令，仅在指定位软元件的上升沿时（"OFF→ON"变化时）接通一个扫描周期。

LDF，ORF，ANDF 指令是用于下降沿检出的触点指令，仅在指定位软元件的下降沿时（"ON→OFF"变化时）接通一个扫描周期。

注意：脉冲指令可以有效防止出现人为不当操作导致的误动作。

（三）基本"启—保—停"程序单元

"启—保—停"电路在梯形图中的应用极为广泛，其最大的特点就是具有记忆的功能，如图 2 - 23 所示。图中启动信号 X0以常开的形式串联在电路的最左边，停止信号 X1 以常闭的形式串联在线圈前方，利用线圈自身的常开辅助触点并联启动信号，

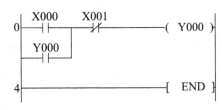

图 2 - 23　"启—保—停"程序单元

实现其"自锁"或者"自保持"功能。在实际的电路中，启动、停止的信号可能由多个触点并联或者串联提供。

利用脉冲指令编程也可以实现电动机单向连续运行。根据自锁电路的工作原理可知：启动条件 X1 只在启动初始瞬间对线圈 Y0 起作用，线圈 Y0 带电后，在Y0 常开辅助触点的作用下，线圈 Y0 可以自保持其带电的状态。为此，在 PLC程序设计时，可选择 X1 的脉冲型常开触点进行编程。梯形图程序如图 2 - 24所示。

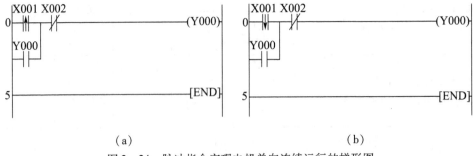

（a）　　　　　　　　　　　　　（b）

图 2 - 24　脉冲指令实现电机单向连续运行的梯形图

虽然以上两种梯形图均可以实现电动机单向连续运行的控制要求，但在程序调试运行中仍存在不同，下面结合图 2 - 25 所示各自的状态时序图加以说明。

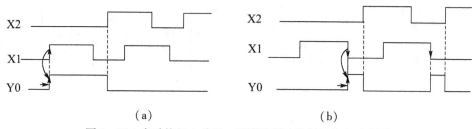

(a)　　　　　　　　　　　　(b)

图2-25　启动按钮上升沿、下降沿脉冲控制的状态时序图

对于图2-25a梯形图程序，此时只要 X1 由 "OFF" → "ON" 瞬间，则输出继电器 Y0 保持接通，处于 "ON" 状态；对于图2-25b梯形图程序，此时 X1 由 "ON" → "OFF" 瞬间，则输出继电器 Y0 保持接通，处于 "ON" 状态。

四、任务实施

（一）任务实施准备

电动机单向连续运行 PLC 控制项目准备器材如表2-8所示。

表2-8　电动机单向连续运行 PLC 控制项目器材表

序号	符号	器材名称	型号、规格、参数	单位	数量	备注
1	PLC	可编程控制器	FX$_{2N}$ -48MR	台	1	
2	SB1	启动按钮	LA39 -11	个	1	动合
	SQ1	限位开关	LX19 -001			
3	M	交流电动机	Y -112M -4 380V	台	1	
4	QF	空气断路器	DZ47 -D25/3P	个	1	
5	KM	交流接触器	CJ20 -10	个	1	
6	FR	热继电器	JR16 -20/3	个	1	
7		计算机	装有 FXGP -WIN -C 或 GX Developer 软件	台	1	
8		连接导线		条	若干	
9		电工常用工具		套	1	

（二）任务实施计划

任务实施计划如图2-26所示。

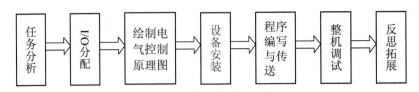

图 2-26　任务实施计划

（三）任务分析

刀头主轴运转是一个典型的电动机单向连续运行动作，其继电器电气原理图如图 2-27、图 2-28 所示。

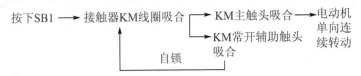

图 2-27　电动机单向连续运作示意图

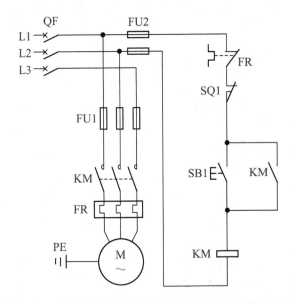

图 2-28　刀头主轴单向连续运行控制继电器电气原理图

（四）任务实施过程

1．确定 PLC 的 I/O 分配

由任务分析可知，控制元件为按钮 SB1、限位开关 SQ1 和热继电器 FR；执行元件为接触器 KM、交流异步电动机。为了能将继电器的控制、执行元件与

PLC 的输入、输出继电器——对应，需要对 PLC 进行 I/O（输入/输出）地址分配，如表 2-9 所示。

表 2-9　电动机单向连续运行 PLC 控制项目 I/O 分配表

输入端（I）		输出端（O）	
外接控制元件	输入端子	外接执行元件	输出端子
热继电器 FR 常闭触点	X0	接触器 KM 线圈	Y0
启动按钮 SB1 常开触点	X1		
限位开关 SQ1 常开触点	X2		

2. 画出 PLC 的外部控制原理图

根据项目的 I/O 分配表，进行 PLC 外部接线原理图设计，如图 2-29 所示。

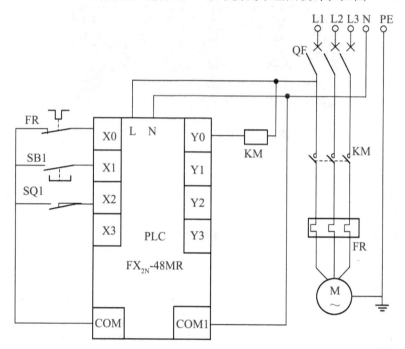

图 2-29　刀头主轴电动机单向连续运行的 PLC 控制电气原理图

3. 按照控制电气原理图安装接线

（1）做好裁线、套编码管、压线耳等接线准备；

（2）连接 PLC 的外部控制线路；

（3）连接电动机控制的主电路和地线；

（4）整理工艺，如图 2-30 所示；

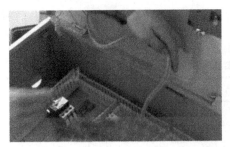

图 2 - 30　整理工艺

（5）连接电源线，如图 2 - 31 所示。

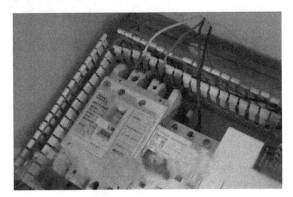

图 2 - 31　连接电源

注意：不要带电作业！

4．程序编写

梯形图、指令表程序及状态时序图如图 2 - 32 所示。

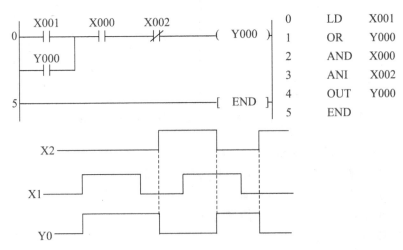

图 2 - 32　刀头主轴电动机单向连续运行梯形图、指令表程序及状态时序图

当热保护继电器没有过负荷动作时，限位开关 SQ1 处于松开状态，此时只要按下开门按钮 SB1，则输出继电器 Y0 保持接通，处于"ON"状态，接触器 KM 线圈带电吸合，刀头主轴连续运转。

按下限位开关 SQ1，则输出继电器 Y0 断开，处于"OFF"状态，接触器 KM 线圈断电，刀头主轴停止。

5. 程序调试

在计算机中编写的梯形图经过程序检查无误后，转换并传送至 PLC 联机分别进行空载与系统调试。

空载调试：在不接通主电路电源的情况下，将 PLC 置于"RUN"状态，按下启动按钮 SB1，观察 PLC 输出指示灯 Y0 的状态；压下限位开关 SQ1，观察 PLC 输出指示灯 Y0 的状态。

系统调试：接通主电路电源，按下启动按钮 SB1、压下限位开关 SQ1，分别观察接触器 KM、电动机动作是否符合控制要求。

五、思考与练习

填空与程序编写

1. OR 是_____指令，表示从该步开始与前述指令_____一个_____触点。

2. LDP，ORP，ANDP 指令是用于_____指令，仅在指定位软元件的_____时接通一个扫描周期。

3. 梯形图程序设计的逻辑运算过程必须遵循的原则是_____。

4. _____线圈直接与左边母线相连。或者与触点以及特殊继电器来连接。

5. _____线圈总是处在最左边，它的右边不能有_____。

6. 两个或两个以上的线圈不能_____联，但可以_____联输出。

7. 十六进制的 F，转变为十进制_____；十六进制的 1F，转变为十进制_____。

8. 定期对 PLC 进行的维护项目是_____。

9. PLC 将输入信息采入 PLC 内部，执行后达到逻辑功能，最后输出达到控制_____要求

10. PLC 的扫描周期与程序的步数、_____及所用指令的执行时间有关。

11. _____是 PLC 中专门用来接收外部用户指令的输入设备，只能由外部信号所驱动。

12. _____是 PLC 的输出信号，控制外部负载，只能用编程指令驱动，外部信号无法驱动。

13. 请根据继电器逻辑编写图 2-33 所示控制线路的 PLC 梯形图程序。

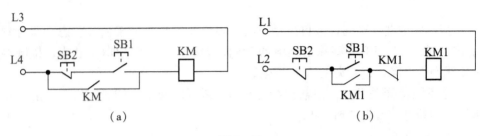

图 2 - 33

14. 请设计如图 2 - 34 所示控制线路的梯形图。

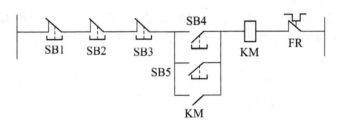

图 2 - 34

15. 根据图 2 - 35 所示梯形图程序，补充状态时序图。

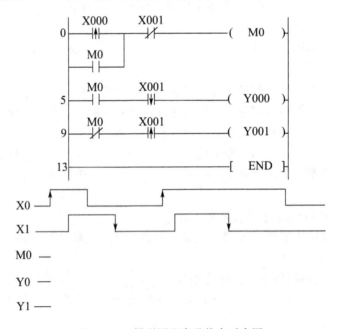

图 2 - 35　梯形图程序及状态时序图

实践操作题

请参照任务实施过程完成数控车床的状态显示控制任务。具体控制要求为：

按下启动复位按钮 SB1，交流接触器 KM 线圈吸合，拖动刀具进给电动机（M0）带电连续转动运行，当按下停止复位按钮 SB2 后，刀具进给电动机停止转动。

六、项目学业评价

1. 请结合"启—保—停"编程单元，分享交流 PLC 程序设计的基本方法。
2. 填写任务评估表（见表2－10）。

表2－10　刀头主轴单向连续运行控制任务评估表

班级		学号		姓名	
项目名称					
评估项目	评估内容	评估标准	配分	学生自评	学生互评	教师评分
专业能力	知识掌握情况	项目知识掌握效果好	10			
	合理选择元件	根据题意合理选择元件	5			
	I/O 分配合理	根据 PLC 结构合理分配 I/O	5			
	外部接线及布线工艺	按照原理图正确、规范接线	5			
	梯形图程序设计	能利用继电器转换的方式进行梯形图程序编辑	10			
	程序检查与运行	程序的正确传送	5			
		程序的运行	5			
		程序的监控/测试	10			
专业素养	安全文明操作素养	规范使用设备及工具	5			
		设备、仪表、工具摆放合理	5			
方法能力	自主学习能力	预习效果好	5			
	理解、总结能力	能正确理解任务，善于总结	5			
	创新能力	选用布尔运算等新方法、新工艺效果好	10			

续表

评估项目	评估内容	评估标准	配分	学生自评	学生互评	教师评分
社会及个人能力	团队协作能力	积极参与，团结协作，有团队精神	5			
	语言沟通表达能力	清楚表达观点，展（演）示效果好	5			
	责任心	态度端正，完成项目认真	5			
合　计			100			
教师签名			日　期			

任务三　陶瓷抛光机刀头主轴进给电动机的正反转动作控制

一、任务描述

小洋对陶瓷抛光机的刀头主轴进给电动机控制进行 PLC 控制。具体控制要求：按下刀头主轴正转按钮 SB5 后，刀具主轴正转，带动抛光刀头向左前进。按下刀头主轴反转按钮 SB6 后，刀具主轴反转，带动抛光刀头向右后退。在前进或者后退过程中，一旦遇到限位开关 SQ 或者按下停止按钮 SB4，刀头自动停止运行。图 2 - 36 所示为陶瓷抛光机的刀头主轴进给电动机正反转控制电气原理图。

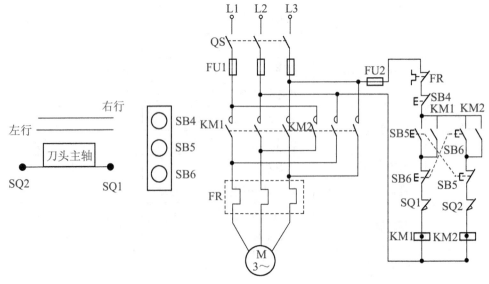

图 2 - 36　陶瓷抛光机刀头主轴进给电动机正反转控制电气原理图

二、目标与要求

（1）能用经验编程设计法进行电动机正反转的自动化控制；

（2）能使用基本逻辑指令 ANDP，ANDF，PLS，PLF，INV；

（3）能利用硬件、软件"互锁"保护功能实现电动机的短路保护。

三、任务准备

（一）梯形图经验设计法编程的基本方法

经验法设计梯形图程序就是在一些典型电路的基础上，根据控制系统的具体要求，不断地修改和完善梯形图。这种方法没有普遍的规律可循，具有很大的试探性和随意性，最后的结果不是唯一的，设计所用的时间、设计的质量与设计者的经验有很大的关系，一般用于较简单的梯形图的设计。有时需要反复地调试和修改，增加一些触点或中间编程元件，最后才能得到一个较为满意的结果。

（二）梯形图经验设计法编程设计过程中应注意的问题

1．遵循梯形图设计优化原则

（1）尽量减少硬元件；

（2）力求电路结构清晰，易于理解；

（3）尽量多用梯形图辅助元件和触点；

（4）应该利用串、并联的方式实现各线圈的启停控制；

（5）尽量遵循"上重下轻，左重右轻"的基本原则。

2．分离交织在一起的电路

一般在设计时，将各线圈的控制电路分离，这样处理可能会多用一些触点，但是电路清晰，程序指令条数减少。

3．软件互锁与硬件互锁

为电动机动作的安全性考虑，通常将常闭触点与对方的线圈串联。同时，除了在梯形图中设置软件互锁以外，还必须在 PLC 的输出回路设置硬件互锁。

4．热继电器触点的处理

热继电器作为过载保护用元件，采用手动复位的热继电器的常闭触点串联接在 PLC 的输出回路中，这样可以节省输入点数。如果热继电器采用的是自动复位方式，则必须将热继电器的触点接在 PLC 的输入端，用梯形图电动机的过载保护。

（三）基本逻辑指令 ANDP，ANDF，PLS，PLF，INV 的应用

ANDP，ANDF，PLS，PLF，INV 的基本指令功能如表 2 - 11 所示。

表2-11　ANDP，ANDF，PLS，PLF，INV **基本指令功能表**

助记符、名称	功　能	梯形图表示	可用软元件	指令表达式	程序步
ANDP 与脉冲	串联上升沿脉冲触点	X0　　　　X1	X，Y，M，S，T，C	LD X0 ANDP X1	2步
ANDF 与脉冲	串联下降沿脉冲触点	X0　　　　X1	X，Y，M，S，T，C	LD X0 ANDF X1	2步
PLS 输出脉冲	上升沿检测输出	X0　　PLS　Y0	Y，M（特殊除外）	LD X0 PLS Y0	1步
PLF 输出脉冲	下降沿检测输出	X0　　PLF　Y0	Y，M（特殊除外）	LD X0 PLF Y0	1步
INV 输出取反	运算结果取反	X0　　　Y0	无	LD X0 INV OUT Y0	1步

1．ANDP，ANDF 与脉冲指令

ANDP：串联上升沿检出触点指令。仅在指定软元件上升沿时，接通一个扫描周期。

ANDF：串联下降沿检出触点指令。仅在指定软元件下降沿时，接通一个扫描周期。

2．PLS，PLF 指令

PLS：上升沿微分输出指令。仅在输入为"ON"后的一个扫描周期内，相对应的软元件 Y，M 动作。

PLF：下降沿微分输出指令。仅在输入为"OFF"后的一个扫描周期内，相对应的软元件 Y，M 动作。

3．INV 指令

INV 指令是将 INV 指令执行之前的运算结果取反的指令，它不需要软元件。用手持编程器输入 INV 指令时，先按 NOP 键，再按 P/I 键。

（四）"互锁"保护功能的基本应用

这是通过将接触器的常闭触点分别与对方接触器的线圈串联的方法，保证两个或者多个继电器不能同时通电，这种安全保护措施称为"互锁"。根据选用的互锁元件的不同，互锁分为接触器互锁，按钮互锁，按钮、接触器双重连锁等。

在 PLC 程序控制过程中，不单要在梯形图程序中设置输出线圈和按钮连锁，同时也一定要在 PLC 外部控制电路中进行硬件继电器的辅助常闭触点的硬件互锁。若没有"硬件互锁"电路，由于接触器线圈中电感的延时作用，可能会出现接触器主触点瞬间短路的故障，进而导致电源短路事故的发生。

在 PLC 程序设计梯形图中，也可以利用其启动输入信号，驱动输出线圈实现典型的"输入/输出"双重软件连锁。如图 2-37 所示。

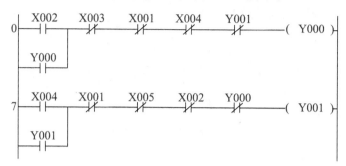

图 2-37　输入/输出互锁电路

（五）电动机正反转程序应用实例

C6140 机床系统要求按下系统启动按钮 SB1（X0）后，车床润滑油系统电动机 M1（Y0）工作，只有在润滑油系统工作的情况下按下主轴启动按钮 SB2（X1），车床主轴电动机 M2（Y1）才能转动，按下停止按钮 SB3（X2）后，车床系统停止动作。根据"启动—保持—停止"电路的典型结构，编程梯形图如图 2-38 所示。

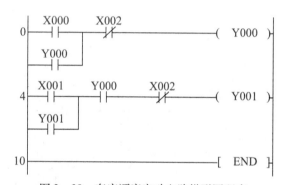

图 2-38　车床顺序启动电路梯形图程序

四、任务实施

（一）任务实施的器材准备

任务实施需选用的器材如表 2-12 所示。

表 2-12　任务实施选用器材

序号	符号	器材名称	型号、规格、参数	单位	数量	备注
1	PLC	可编程控制器	FX$_{2N}$-48MR	台	1	
2	SB4	按钮开关	LA39-11	个	1	动合
3	SB5	按钮开关	LA39-11	个	1	动合
4	SB6	按钮开关	LA39-11	个	1	动合
5	SQ1	限位开关	LX19-001	个	1	动合

（二）任务实施计划

任务实施计划如图 2 – 39 所示。

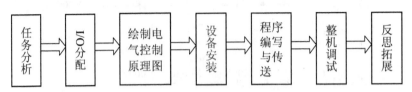

图 2 – 39　任务实施计划图

（三）任务分析

（1）刀头主轴左行

启动条件为：按下 SB5；停止条件为：按下 SB4 或者 SQ2。

（2）刀头主轴右行

启动条件为：按下 SB6；停止条件为：按下 SB4 或者 SQ1。

考虑到电动机不能同时左行、右行，特设置接触器互锁电路。

图 2 – 40 所示为陶瓷抛光机刀头主轴进给电动机正反向运行控制继电器电气原理图。

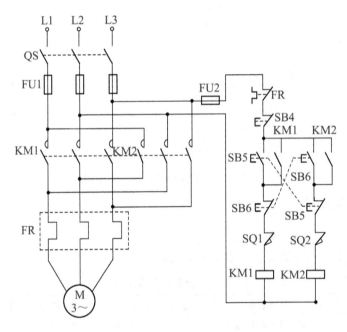

图 2 – 40　陶瓷抛光机刀头主轴进给电动机正反向运行控制继电器电气原理图

（四）任务实施过程

1. 确定 PLC 的 I/O 分配

由项目分析可知：控制元件为按钮 SB4，SB5，SB6，SQ1，SQ2 和热继电器

FR；执行元件为接触器 KM1，KM2。为了能将继电器的控制、执行元件与 PLC 的输入、输出继电器一一对应，需要对 PLC 进行 I/O（输入/输出）地址分配，如表 2-13 所示。

表 2-13　电动机正反转运行 PLC 控制项目 I/O 分配表

输入端（I）		输出端（O）	
外接控制元件	输入端子	外接执行元件	输出端子
热继电器 FR 常闭触点	X0	接触器 KM1 线圈	Y0
启动按钮 SB4 常开触点	X1	接触器 KM2 线圈	Y1
启动按钮 SB5 常开触点	X2		
限位开关 SQ1 常开触点	X3		
启动按钮 SB6 常开触点	X4		
限位开关 SQ2 常开触点	X5		

2. 画出 PLC 的 I/O 接线图

根据项目的 I/O 分配表，进行 PLC 外部接线原理图设计，如图 2-41 所示。

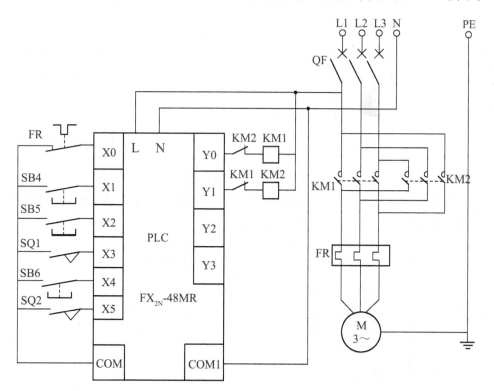

图 2-41　刀头主轴进给电动机正反转运行 PLC 控制电气原理图

输出接触器线圈前面设置硬件互锁电路后，即使 KM1 的主触头被电弧熔焊而粘连，这时由于它的辅助常闭触点处于断开状态，因此与之串联的 KM2 线圈不可能通电，不会造成电源间短路。

3. 按照电气原理图安装接线

（1）做好裁线、套编码管、压线耳等接线准备工作；

（2）连接 PLC 的控制线路（一定要设置硬件互锁电路）；

（3）连接电动机控制的主电路和地线连接。

4. 程序编写与传送

方法 1：根据经验编程法中的“启动—保持—停止”典型电路，设计参考梯形图程序的具体方法如下：

步骤一：根据典型电路编写各输出动作的程序单元。

（1）刀头主轴正转：启动按钮 SB5（X2），停止按钮 SB4（X1）、SQ1（X3），如图 2－42 所示。

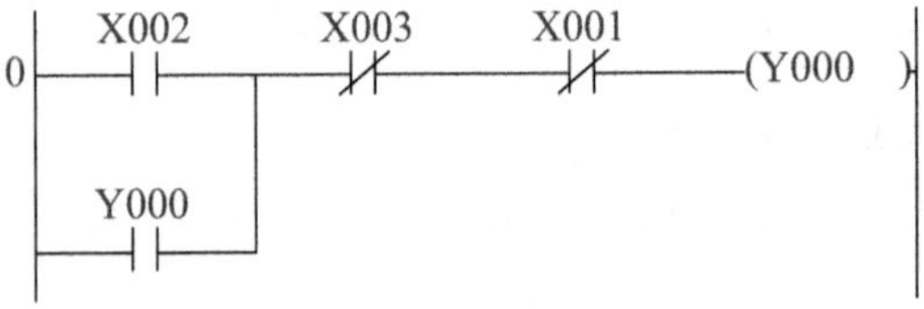
0
X002
X003
X001
Y000
Y000

图 2－42　刀头主轴正转

（2）刀头主轴反转：启动按钮 SB6（X4），停止按钮 SB4（X1）、SQ2（X5），如图 2－43 所示。

0
X004
X001
X005
Y001
Y001

图 2－43　刀头主轴反转

步骤二：考虑到刀头主轴不能同时左行、右行的问题，在各程序单元中设置互锁功能（建议：综合考虑按钮、接触器的双重互锁）。如图 2－44 所示。

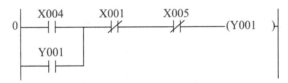

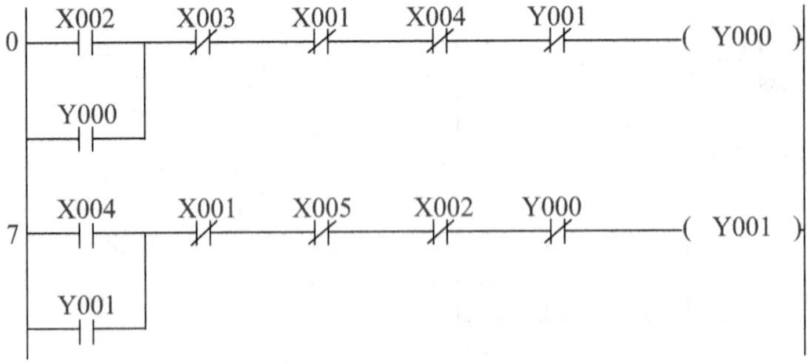
0
X002
X003
X001
X004
Y001
Y000
Y000
7
X004
X001
X005
X002
Y000
Y001
Y001

图 2－44　设置互锁功能

步骤三：考虑到热继电器的保护功能，输出线圈前串联热继电器的常开触点。如图2-45所示。

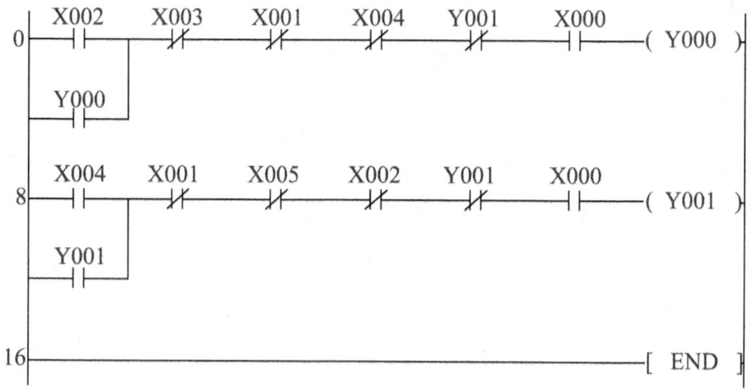

图2-45 刀头主轴电动机正反转控制的梯形图程序

方法2：利用脉冲指令编程实现相同功能。

由于PLC程序执行的速度远远高于外部接触器触点的动作速度，因此在程序设计的过程中，还可以通过脉冲指令的方式，减慢PLC程序中按钮的动作时间。如图2-46所示。

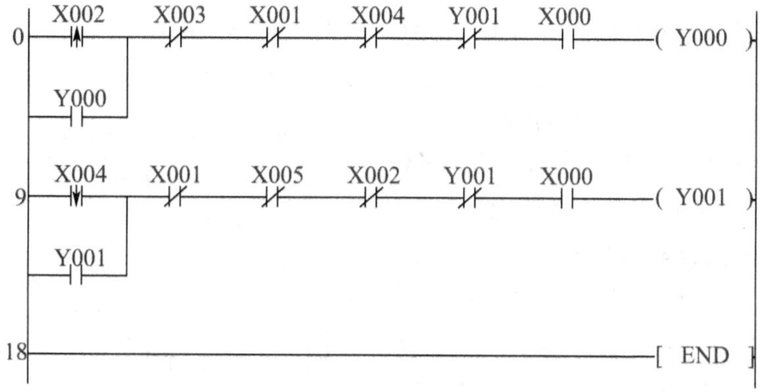

图2-46 刀头主轴电动机正、反转的脉冲指令控制梯形图程序

5. 联机调试

接通主电路，观察整个控制系统的动作状况是否满足如下要求：

按下SB5（绿色按钮）→接触器KM1线圈吸合并保持→电动机连续正转；压下行程开关SQ2/停止按钮SB4→接触器KM1线圈断开→电动机停止；按下SB6（黑色按钮）→接触器KM2线圈吸合并保持→电动机连续反转；压下行程

开关 SQ1 /停止按钮 SB4→接触器 KM2 线圈断开→电动机停止；依次断开主电路→控制电路→PLC 控制模块→总电源。

五、思考与练习

填空与简答题

1. FX 系列 PLC 中，"– | ↑ | –"表示_____指令。

2. PLC 程序中，手动程序和自动程序需要_____。

3. 关断时间最快的电力半导体开关元件是_____。

4. 一台 40 点的 PLC 单元，其输入继电器点数为 16 点，则输出继电器为_____点。

5. INV 指令是将 INV 指令执行之前的运算结果_____的指令，它不需要软元件。

6. FX 系列中间继电器代号是_____。

7. PLC 输出端子上的输出状态由_____中的状态决定。

8. _____型号为 FX_{2N} – 32MR 的 PLC，它表示的含义包括如下几部分：它是_____单元，其输入输出总点数为_____点，其中输入点数为_____点，输出点数为_____点；其输出类型为_____。

9. 通过将接触器的常闭触点分别与对方接触器的线圈串联的方法，保证两个或者多个继电器不能同时通电，这种安全保护措施就称为_____。根据选用元件的不同，可分为_____、_____、_____等。

10. 解释图 2 – 47 程序中的 Y430 输出和 Y431 输出之间的关系，与 X400 并联的触点 Y430 实现什么功能？

11. 测试装置如图 2 – 48 所示，按一下启动按钮 X0，水平气缸右行 Y0，左限位 X1、右限位 X2，启动，水平气缸右行；碰到限位开关 X2，水平气缸左行；碰到限位开关 X1，水平气缸再右行。右行左行为一个循环，直到按下停止按钮 X3 后停止。请利用经验编程的方法设计控制系统的 PLC 控制梯形图。

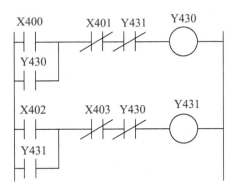

图 2 – 47 思考与练习题 10 图

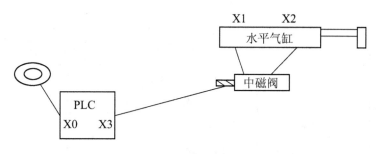

图2-48　测试装置

实践操作题

请结合任务操作过程实现某平面磨床工作台的PLC控制。具体控制要求如下：当按下正向启动按钮SB2后，工作台正向平移（左行）；当压下右限位开关SQ2后，工作台自动反向平移（右行）；当压下左限位开关SQ1后，工作台再次正向平移。如此反复循环，直到按下停止按钮SB1后，工作台才能停止。

当按下反向启动按钮SB3后，工作台反向平移（右行）；当压下左限位开关SQ1后，工作台自动正向平移（左行）；当压下左限位开关SQ2后，工作台再次反向平移。如此反复循环，直到按下停止按钮SB1后，工作台才能停止。

六、项目学业评价

1. 请结合经验编程的基本方法，交流并分享电动机正、反转PLC控制技巧。
2. 填写项目评估表（表2-14）。

表2-14　刀头主轴正、反转运行PLC控制项目评估表

班级		学号		姓名	
项目名称					

评估项目	评估内容	评估标准	配分	学生自评	学生互评	教师评分
专业能力	知识掌握情况	项目知识掌握效果好	10			
	合理选择元件	根据题意合理选择元件	5			
	I/O分配合理	根据PLC结构合理分配I/O	5			
	外部接线及布线工艺	按照原理图正确、规范接线	5			
	梯形图程序设计	能利用梯形图程序编辑	10			
	程序检查与运行	程序的正确传送	5			
		程序的运行	5			
		程序的监控/测试	10			

续表

评估项目	评估内容	评估标准	配分	学生自评	学生互评	教师评分
专业素养	安全文明操作素养	规范使用设备及工具	5			
		设备、仪表、工具摆放合理	5			
方法能力	自主学习能力	预习效果好	5			
	理解、总结能力	能正确理解任务，善于总结	5			
	创新能力	选用新方法、新工艺效果好	10			
社会及个人能力	团队协作能力	积极参与，团结协作，有团队精神	5			
	语言沟通表达能力	清楚表达观点，展（演）示效果好	5			
	责任心	态度端正，完成项目认真	5			
合　计			100			
教师签名			日　期			

任务四　陶瓷抛光机刀头主轴电动机的 Y－△降压启动控制

一、任务描述

为减少设备线路中的浪费，保证变压器正常工作，小洋计划对陶瓷抛光机的刀头主轴电动机的启动控制进行 PLC 改造升级。具体控制要求如下：

（1）按下启动按钮 SB1 后，刀头主轴电动机空载低压启动；

（2）5s 后，主轴电动机满载全压工作；

（3）按下停止按钮 SB2 后，刀头主轴电动机停止工作。

图 2-49 为刀头主轴电动机 Y－△降压启动控制的电气原理图。

二、目标与要求

（1）能应用 SET，RST 指令编写程序；

（2）能选用合适的定时器软元件；

（3）能安装与调试刀头主轴电动机的 Y－△降压启动柜。

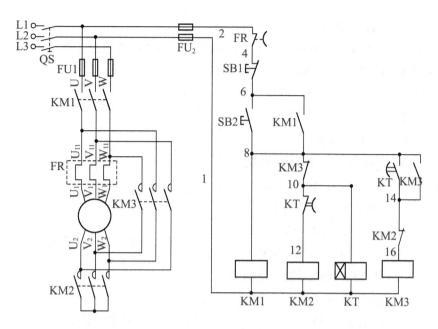

图 2 - 49　刀头主轴电动机的 Y - △ 降压启动控制电气原理图

三、任务准备

（一）置位指令 SET 和复位指令 RST

基本指令：置位和复位指令的应用如表 2 - 15 所示。

表 2 - 15　置位和复位指令的应用

助记符、名称	功能	回路表示和可用软元件		程序步
SET 置位	动作保持	─┤├─	SET Y,M,S,	Y，M ：1 S，特殊 M ：2
RST 复位	消除动作保持，当前值及寄存器清零	─┤├─	RST Y,M,S,T,C,D,V,Z	T，C ：2 D，V，Z 特殊 D ：3

注：用 M1536 - M3071 时，程序步加 1。

1. SET：置位指令

置位指令使操作动作保持"ON"。其操作软元件为输出继电器 Y、辅助继电器 M 时，程序步为 1 步；操作元件为状态继电器 S 时，程序步为 2 步。

2. RST：复位指令

复位指令使操作动作保持"OFF"。复位指令操作元件可为 Y，M，S，C，

T；也可为数据寄存器 D、变址寄存器 V，Z。

【例1】利用置位、复位指令实现起停功能的连续运行控制。

按下启动按钮 SB1（X1），电动机 M1（Y1）开始运行并保持；

按下停止按钮 SB2（X2），电动机 M1（Y1）停止并保持。

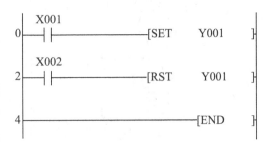

图 2 - 50　连续运行控制

当 X1 一旦接通后，即使它再次断开，Y1 仍然会保持动作；X2 一接通，即使它再次断开，Y1 将停止并保持不被驱动，如图 2 - 50 所示。对于同一软元件，SET，RST 可多次使用，顺序可随意，但最后执行者有效。

（二）定时器 T 的应用

定时器是 FX 系列 PLC 的内部子元件。其中 8 个连续的二进制位组成一个字节（byte B），16 位连续的二进制位组成一个字（word W）。

定时器类似于继电器系统中的时间继电器，它有一个设定值寄存器（16位），一个当前值寄存器（16 位），其最高位是符号位，正数的符号为 0，负数的符号为 1。有符号位的字可以表示的最大正数是 32767。可以用十进制常数 K 或者数据寄存器 D 作为定时器的设定值。

1. 定时器的类型

定时器对 PLC 内部的 1ms，10ms，100ms 时间脉冲进行加计数，达到设定值后定时器的输出触点动作。FX_{2N} 系列 PLC 中的定时器共 256 点。FX_{3C} 系列 PLC 中的定时器则另外增加 256 个 1ms 通用定时器。定时器元件类型及设定值如表 2 - 16 所示。

表 2 - 16　定时器的类型及设定值

名称	分　类	地址号	设定值	时间区间
通用定时器	100ms 通用定时器	T0～T199（200 点）	1～32767	0.1～3276.7s
	10ms 通用定时器	T200～T245（46 点）	1～32767	0.01～327.67s
积算定时器	1ms 积算定时器	T246～T249（4 点）	1～32767	0.001～32.767s
	100ms 积算定时器	T250～T255（6 点）	1～32767	0.1～3276.7s

2. 定时器的应用

定时器的应用十分广泛，FX 系列的定时器只能提供其线圈"通电"后延迟动作的触点。应用时都要设置一个十进制的时间设定值，可在定时器后面加有"K"符号的数值表示十进制，也可加数据寄存器 D。如 T0 K10，T0 D0。定时器被驱动后，就对时钟脉冲数进行累计，到达设定值时就输出，其所对应触点动作。

【例2】利用通用定时器实现延时启动控制。

要求：连续按下启动按钮 SB1（X0），延时 2s 后电动机 M1（Y1）启动。

图 2-51 中，T0 是通用定时器，当驱动信号 X0 接通时，T0 的当前值计数器从零开始，对 100ms 时钟脉冲进行累加计数。当前值等于设定值 K20 时，定时器的常开触点接通，常闭触点断开，即 T0 的输出触点在其线圈被驱动 100ms × 20 = 2s 后动作；当 X0 的常开触点断开后，定时器被复位，它的常开触点断开，常闭触点接通，当前值恢复为零。

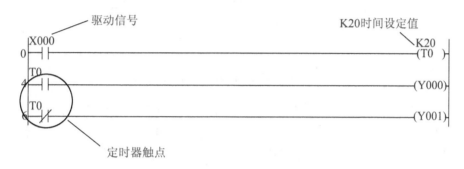

图 2-51　通用定时器实现延时启动控制

【例3】利用累计定时器实现延时启动控制。

要求：间断按下启动按钮 SB1，累计 15s 后电动机 M1（Y1）启动。

图 2-52 中，T250 是累计定时器，当驱动信号 X1 常开触点接通时，T250 的当前值计数器从零开始，对 100ms 时钟脉冲进行累加计数。X1 的常开触点断开或 PLC 断电时停止定时，当前值保持不变；X1 的常开触点再次接通或 PLC 重新上电时继续定时；累计时间（$t_1 + t_2$）为 100ms × 100 = 10s 时，T250 的触点动作。定时器的常开触点接通，常闭触点断开。由于累计定时器不可以利用线圈的失电实现自动复位，因此必须用 RST 复位累计型定时器线圈的当前值。

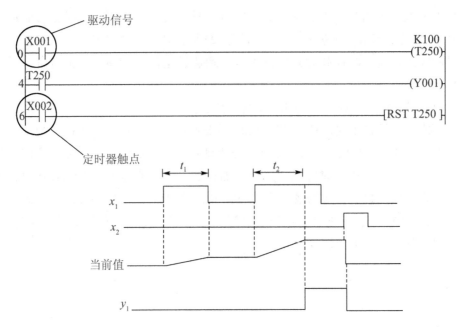

图 2 - 52　利用累计定时器实现延时启动控制

【例4】陶瓷加工设备电动机电动机冷却液 – 主轴顺序启动同时停止的控制。控制要求为：按下启动按钮 SB1 后，冷却液电动机开始喷射（Y1），5s 后电动机主轴（Y2）启动；按下停止按钮 SB2，冷却液、主轴同时停止。

方法一：利用经验编程法设计程序

步骤一：冷却液电动机（Y1）的连续运行控制。启动条件：按下 SB1（X1）；停止条件：按下 SB2（X2）。

步骤二：延时时间的程序控制。启/停条件：冷却液电动机（Y1）。

步骤三：主轴电动机（Y2）的连续运行控制。启动条件：定时器计时结束（T0），停止条件按下 SB2（X2）。如图 2 - 53 所示。

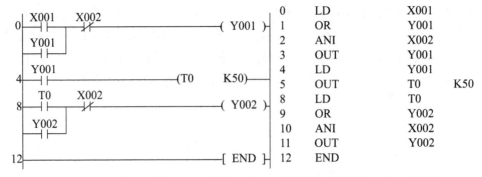

图 2 - 53　电动机冷却液 – 主轴顺序启动同时停机控制的梯形图、指令表程序

方法二：利用置位、复位指令设计参考程序。

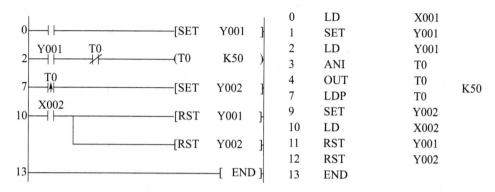

图2-54　利用置位复位指令的参考程序

程序中，当X1（SB1）常开触点闭合后，Y1被置位为"ON"，冷却液电动机动作并保持；当冷却液电动机开始动作后，定时器开始计时。当定时器当前值等于设定值50×100ms=5s时，Y2被置位为"ON"，主轴电动机动作并保持；当X2（SB2）常开触点闭合后，Y1，Y2复位，冷却液电动机、主轴电动机同时停止。由于置位与复位指令具有保持功能，因此在使用过程中，为避免脉冲干扰，其启动条件常采用脉冲触发。

四、任务实施

（一）任务实施的器材准备

本任务实施需准备的器材如表2-17所示。

表2-17　电动机Y-△降压启动控制项目器材表

序号	符号	器材名称	型号、规格、参数	单位	数量	备注
1	PLC	可编程控制器	FX$_{2N}$-48MR	台	1	
2	SB	按钮开关	LA39-11	个	2	动合
3	M	交流电动机	Y-112M-4 380V	台	2	
4	QF	空气断路器	DZ47-D25/3P	个	1	
5	KM	交流接触器		个	2	
6	FR	热继电器		个	1	
7		计算机	装有FXGP-WIN-C或GX Developer软件	台	1	
8		连接导线		条	若干	
9		电工常用工具		套	1	

（二）任务实施计划

本任务的实施计划如图 2 - 55 所示。

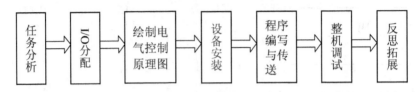

图 2 - 55　任务实施计划

（三）任务分析

降压启动具有电路结构简单，成本低，启动电流、启动转矩低的特点，被广泛应用于电动机空载或者轻载启动，且要求正常运行时电子绕组采用三角形连接的电路中。

其继电器控制工作原理是：合上电源开关 QS 后，按下启动按钮 SB2，接触器 KM 和 KM1 线圈同时得电吸合，KM 和 KM1 主触头闭合，电动机接成 Y 形降压启动。与此同时，时间继电器 KT 的线圈获电，KT 动断（常闭）触头延时断开，KM1 线圈断电释放，KT 动合（常开）触头延时闭合，KM2 线圈吸合，电动机定子绕组 Y 形连接自动换接成 △ 形连接，时间继电器 KT 的触头延时动作，时间由电动机容量及启动时间的快慢等决定。具体流程如下：

按下SB2(绿色按钮) ⟶ 接触KM1线圈吸合并保持 ⟶ 电动机Y形连接启动。

⟶ 接触器KM2线圈吸合并保持 ⟶ 定时器开始计时。

计时结束 ⟶ 接触器KM2线圈断开

⟶ 接触器KM3线圈吸合并保持 ⟶ 电动机△形连接启动。

按下SB1(黑色按钮) ⟶ 接触器KM1，KM2，KM3线圈断开 ⟶ 电动机停止。

（四）任务实施过程

1. 确定 PLC 的 I/O 分配表

由项目分析可知：控制元件为按钮 SB、热继电器 FR；执行元件为接触器 KM、交流异步电动机。为了能将继电器的控制、执行元件与 PLC 的输入、输出继电器一一对应，需要对 PLC 进行 I/O （输入/输出）地址分配，如表 2 - 18 所示。

表2-18　电动机点动控制 PLC 控制项目 I/O 分配表

输入端（I）		输出端（O）	
外接控制元件	输入端子	外接执行元件	输出端子
启动按钮 SB1 常开触点	X1	冷却液控制接触器 KM1	Y1
停止按钮 SB1 常开触点	X2	主轴电机控制接触器 KM2	Y2
热继电器 FR 常闭触点	X0	内部软元件	T0

2. 画出 PLC 的电气控制原理图

根据项目的 I/O 分配表，进行 PLC 外部接线原理图设计，如图 2-56 所示。

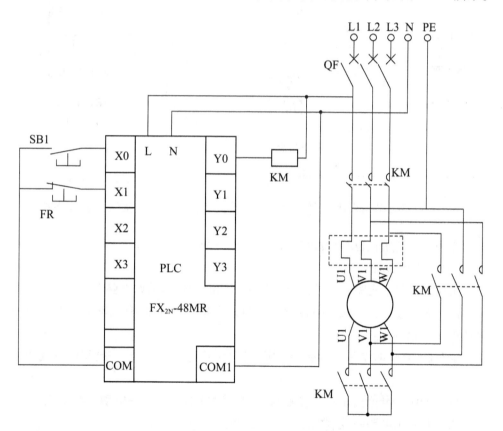

图 2-56　刀头主轴电动机 Y-Δ 控制的 PLC 控制电气原理图

3. 按照 PLC 控制原理图安装接线

电柜安装工艺要求：

（1）每一接线桩上连接的导线不超过 2 根；

（2）连接导线全部入槽；

（3）导线与接线端子、接线桩接触良好；

（4）导线与接线端子、接线桩接触良好，连接导线松紧长短适当；

（5）导线与螺钉压接桩接触良好；

（6）接触器、继电器、熔断器等器件安装符合电气安全规范要求。

（五）程序编写与传送

方法一：根据经验编程法设计参考梯形图程序（参见图 2－57）。

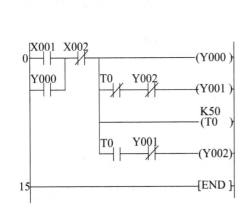

图 2－57 经验编程法设计参考梯形图

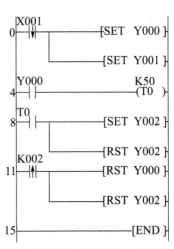

图 2－58 利用置位/复位语句设计的梯形图

方法二：利用置位/复位语句（参见图 2－58）。

（六）程序联机调试

接通主电路，观察整个控制系统的动作状况是否满足如下要求：

按下 SB2（绿色按钮）→接触器 KM1，KM2，定时器 T0 线圈吸合并保持→电动机 Y 接启动。

定时器 T0 计时结束→接触器 KM2 线圈断开，KM3 得电→电动机 △ 连接并运行。

按下 SB1（黑色按钮）→接触器 KM1，KM3 线圈断开→电动机停止。

依次断开主电路→控制电路→PLC 控制模块→总电源。

五、思考与练习

填空与简答题

1. SET 是_____指令，其作用是使操作动作保持。其操作元件为_____、

_____、_____。

2. PLC 内部 10ms 时钟脉冲是_____。

3. 自保持的指令是_____，它的操作元件是_____。

4. M8013 脉冲占空比是_____。

5. 对于所有的 FX CPU，表示 1min 脉冲的是_____。

6. 定时器设定的最大值为_____。

7. 图 2 − 59 中的梯形图，当 X2 接通时，Y1 _____。

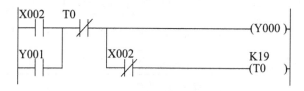

图 2 − 59　思考与练习第 7 题图

8. T0 ～ T199 归类于_____型定时器。

9. T200 ～ T245 归类于_____型定时器。

10. T246 ～ T249 归类于_____型定时器。

11. T250 ～ T255 归类于_____型定时器。

实践操作题

请结合任务实施步骤安装并调试陶瓷抛光机的两个刀头电动机顺序启动、同时停机的 PLC 控制。具体控制要求如下：

当按下多工序启动按钮 SB1 后，第一个刀头的主轴电机（KM1）转动，加工 10s 后，第二个刀头的主轴电机（KM2）才转动。直到按下停止按扭 SB2 后，两个刀头才能同时停止。

六、项目学业评价

1. 请结合刀头主轴电动机 Y − △ 降压起动控制的程序编写，分享定时器的使用方法。

2. 填写项目评估表（见表 2 − 19）。

表2-19　陶瓷抛光机刀头主轴电动机的 Y-△ 降压启动控制项目评估表

班级			学号			姓名	
项目名称							
评估项目	评估内容		评估标准		配分	学生自评	学生互评	教师评分
专业能力	知识掌握情况		项目知识掌握效果好		10			
	合理选择元件		根据题意合理选择元件		5			
	I/O 分配合理		根据 PLC 结构合理分配 I/O		5			
	外部接线及布线工艺		按照原理图正确、规范接线		5			
	梯形图程序设计		能利用梯形图程序编辑		10			
	程序检查与运行		程序的正确传送		5			
			程序的运行		5			
			程序的监控/测试		10			
专业素养	安全文明操作素养		规范使用设备及工具		5			
			设备、仪表、工具摆放合理		5			
方法能力	自主学习能力		预习效果好		5			
	理解、总结能力		能正确理解任务，善于总结		5			
	创新能力		选用新方法、新工艺效果好		10			
社会及个人能力	团队协作能力		积极参与，团结协作，有团队精神		5			
	语言沟通表达能力		清楚表达观点，展（演）示效果好		5			
	责任心		态度端正，完成项目认真		5			
合　计					100			
教师签名					日　期			

任务五　陶瓷表面抛光机头的多工序控制运行

一、任务描述

为提高生产效率，设备厂要求小洋对陶瓷抛光生产线的多刀头电动机实现先粗后精的顺序自动化控制。具体控制要求：陶瓷抛光机处于工作状态时，按下磨削加工启动按钮 SB2 对瓷砖先进行粗磨加工 10s 后，再进行精磨加工 15s，两道工序必须按先粗后精的顺序进行，每道工序由一台三相异步电动机拖动。完成两道工序为一个工作周期，完成 3 个工作周期后，磨削加工的两台电动机自动停止。若在加工过程中按下紧急停止 SB1 按钮，则生产线在当前位置停止工作并保持当前状态。直到重新松开 SB1 后，系统重新开始工作。如图 2-60 所示。

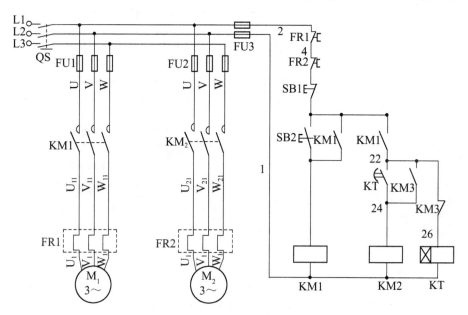

图 2-60 陶瓷表面抛光机头的多工序控制电气原理图

二、目标与要求

（1）能用经验编程设计法进行陶瓷生产线顺序动作的自动化控制；
（2）能使用基本逻辑指令 MC，MCR 实现总控制开关的要求；
（3）能利用定时器的延时断开功能实现电动机的顺序启动；
（4）能利用计数器的计数功能实现电动机顺序启动次数的统计。

三、任务准备

（一）定时器的延时断开功能

在 PLC 的内部定时器中，没有通电延时型定时器。为实现其延时断开的功能，常采用如图 2-61 所示的程序单元。

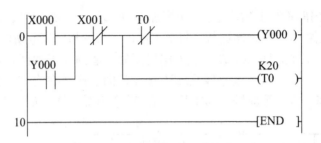

图 2-61　定时器的延时断开功能程序单元

（二）基本逻辑指令 MC，MCR，MPS，MRD，MPP，NOP 的应用

基本逻辑指令 MC，MCR，MPS，MRD，MPP，NOP 的应用如表 2-20 所示。

表 2-20　MC，MCR，MPS，MRD，MPP，NOP **基本指令功能表**

助记符、名称	功能	梯形图表示	可用软元件	指令表达式	程序步
MC 主控指令	公共串联触点的连接	MC N YM	Y，M（除特殊辅助继电器外）	0　LD　　X000 1　MC　　N　0 　SP　　M100 }3步	3 步
MCR 主控复位	公共串联触点的清除	MCR N		MCR N 0 ◄—2步	2 步
MPS	并联回路块串联连接	MPS X004 X005 (Y002) X006 (Y003) MRD (Y004) MRD X007 (Y005) MPP	无软元件	LD　X004　MRD MPS　　　　OUT Y004 AND X005　MPP OUT　Y002　AND X007 MRD　　　　OUT Y005 AND　X006 OUT　Y003	1 步
MRD	并联回路块				1 步
MPP	并联回路块的串联连接				1 步
NOP	空操作	NOP			1 步

1. MC，MCR 主控指令

MC：公共串联触点的连接指令。用于表示主控区的开始。只能用于输出继电器 Y，M（特殊辅助继电器除外）。

MCR：主控 MC 的复位指令，用来表示主控区的结束。

注意：

（1）执行 MC 指令后，母线向 MC 触点后移动；执行 MCR 指令后，母线返回到原位置。

（2）主控指令可以在 MC 指令区内再次使用，即嵌套使用。MC，MCR 指令最多可嵌套 N0～N7 共 8 层，其中 N0 为最高层，N7 为最低层。

2. MPS，MRD，MPP 指令

MPS，MRD，MPP 指令分别是进栈、读栈、出栈指令，它们主要用于多重输出。

FX 系列有 11 个存储运算结果的堆栈存储器，堆栈采用的是先入后出的数据存储方式。如图 2 - 62 所示，使用一次 MPS 指令，计算结果压入堆栈的第一层，原来的数据依次向下一层推移。使用一次 MPP 指令，堆栈中各层的数据向上移动一层，最上层的数据在读出后消失。

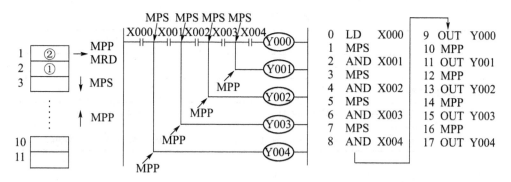

图 2 - 62　MPS，MRD，MPP 指令的梯形图及指令表

注意：上述的电路需要有 3 重 MPS 指令进行编写，比较复杂，可以直接根据堆栈的原则，将程序改写为如图 2 - 63 所示。

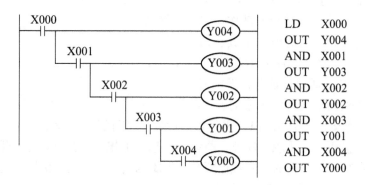

图 2 - 63　根据堆栈原则改写的程序

3. NOP 指令

NOP 指令为空操作指令，它不需要软元件。用手持编程器输入 NOP 指令时，使该程序作空操作。

注意：

（1）在普通的指令与指令之间加 NOP 指令，则该空指令不进行操作。

（2）在程序流中加 NOP 指令，可方便修改程序时出现的步号变化，但程序不精简。

（三）内部计数器（C）

内部计数器（C）是 PLC 内置的重要软元件，主要用于对 PLC 内部映像存储器（X，Y，M 和 S）提供的信号（或状态执行次数）计数，它由一个线圈和无限个触点组成。当计数器当前值达到设定值时，输出接点动作。计数信号为"ON"或"OFF"的持续时间应大于 PLC 的扫描周期，其响应速度通常在数十赫兹内。计数器元件编号及设定值如表 2 - 21 所示。

表 2 - 21　内部计数器

名　称	地址号	设定值
16 位通用计数器	C0 ～ C99（100 点）	1 ～ 32 767
16 位锁存计数器	C100 ～ C199（100 点）	1 ～ 32 767
32 位通用双向计数器	C200 ～ C219（20 点）	− 2 147 483 648 ～ 2 147 483 648
32 位锁存双向计数器	C220 ～ C234（15 点）	− 2 147 483 648 ～ 2 147 483 649

（四）计数器的应用

计数器应用时，都要设置一个十进制的设定值，可用计数器后面加有"K"符号的数值表示十进制，也可加数据寄存器 D。如 C0 K10，C0 D0。计数器被驱动后，就对触入动作数进行累计，到达设定值时就输出其所对应触点动作。如图 2 - 64 所示。

图中，C0 是通用计数器，设定值为 5，每当驱动信号 X0 接通时，C0

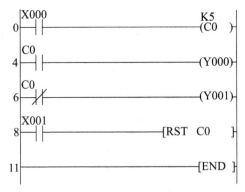

图 2 - 64　计数器的应用

的当前值计数器从零开始加 1，进行累加计数。当前值等于设定值 5 时，计数器的常开触点接通，常闭触点断开，驱动 Y0 亮，Y1 熄灭。当 X1 的常开触点闭合时，计数器被复位，它的常开触点断开，常闭触点接通，当前值恢复为零。

（五）定时器与计数器使用时的注意事项

（1）定时器与计数器都由一个线圈与对应线圈的无数对触点组成；

（2）都要有设定值的元件；

（3）触点动作条件都是要对线圈进行驱动并保持；

（4）其累计的实时值都等于设定值。

对已动作的 T 触点，当 T 驱动电路断开后，T 的触点会复位。而对已动作的 C 触点，即使 C 的驱动电路已断开，C 的触点仍保持动作状态。

（六）用计数器与时钟脉冲发生器配合控制时间

用计数器与 M8013，M8012 和 M8011 等时钟脉冲发生器配合，可进行时间控制。如图 2 - 65 所示。

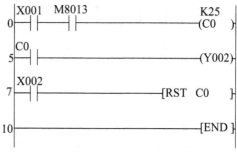

X1 的常开触点接通时，M8013 产生每秒一次的时钟脉冲，C0 的设定值为 25，即对时钟脉冲作 25 次累计，所以 C0 触点在 25s 后动作，即可视 C0 为 25s 定时器。

图 2 - 65　时钟发生器

四、任务实施

（一）任务实施准备

任务实施准备的器材如表 2 - 22 所示。

表 2 - 22　陶瓷表面抛光机头的多工序控制项目器材表

序号	符号	器材名称	型号、规格、参数	单位	数量	备注
1	PLC	可编程控制器	FX$_{2N}$ - 48MR	台	1	
2	SB1	按钮开关	LA39 - 11	个	1	动合
3	SB2	按钮开关	LA39 - 11	个	1	动合
4	SB6	按钮开关	LA39 - 11	个	1	动合
5	M	交流电动机	Y - 112M - 4 380V	台	2	
6	QF	空气断路器	DZ47 - D25/3P	个	1	
7	KM	交流接触器	CJ20 - 10	个	2	
8	FR	热继电器	JR16 - 20/3	个	2	
9		计算机	装有 FXGP - WIN - C 或 GX Developer 软件	台	1	
10		连接导线		条	若干	
11		电工常用工具		套	1	

（二）任务实施计划

陶瓷表面抛光机头的多工序控制任务实施计划如图 2 - 66 所示。

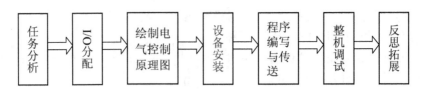

图 2-66 陶瓷表面抛光机头的多工序控制任务实施计划

（三）任务分析

1. 陶瓷表面抛光机头的多工序控制任务实施计划

陶瓷表面抛光机动作要求顺序控制部分的继电器－接触器电气原理如图 2-67 所示。其中 SB1 为总停止按钮，SB2 为磨削加工动作（KM1/KM2）磨削生产线动作的启动按钮，本项目要求该线路功能由 PLC 来控制实现。

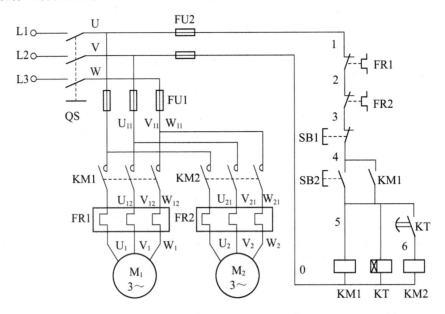

图 2-67 陶瓷表面抛光机头多工序运行控制继电器电气原理图

2. 任务的动作过程

根据顺序动作的思路，按照时间动作的顺序，任务的动作过程如图 2-68 所示。

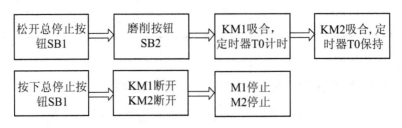

图 2-68 陶瓷表面抛光机头的多工序控制动作过程

（四）任务实施过程

1. 对PLC进行I/O分配

由项目分析可知，控制元件为按钮SB1，SB2；热继电器为FR1，FR2；执行元件为接触器KM1，KM2。为了能将继电器的控制、执行元件与PLC的输入、输出继电器一一对应，需要对PLC进行I/O（输入/输出）地址分配，如表2-23所示。

表2-23　陶瓷表面抛光机头的多工序顺序控制项目I/O分配表

输入端（I）		输出端（O）	
外接控制元件	输入端子	外接执行元件	输出端子
热继电器FR1常闭触点	X4	主接触器KM1线圈	Y1
热继电器FR2常闭触点	X5	主接触器KM2线圈	Y2
启动按钮SB1常闭触点	X24	定时器	T0
磨削按钮SB2常开触点	X20		

2. 画出PLC控制电器原理图并完成接线

根据项目的I/O分配表，进行PLC外部接线原理图设计，如图2-69所示，并按照接线图完成接线。

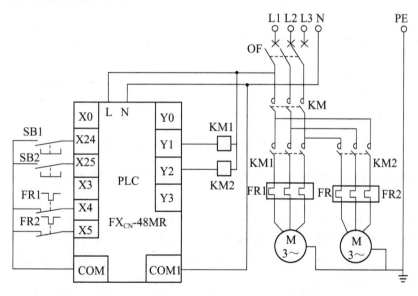

图2-69　抛光机头的多工序顺序动作PLC控制电气原理图

（五）程序编写

方法一：根据经验编程法中的"启动—保持—停止"典型电路，设计参考梯形图程序的具体方法如下：

步骤一：根据典型电路编写（参见图 2 - 70），按下主控开关系统开始工作。

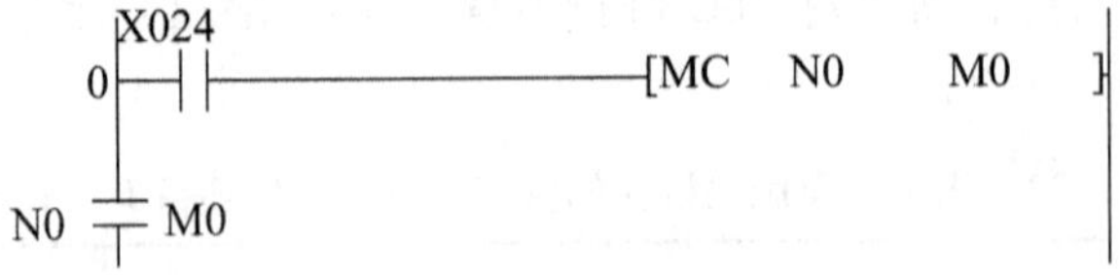

```
    X024
0 ──┤├────────────────────────────[MC   N0    M0   ]

N0 ─┬─ M0
```

图 2 - 70　主控指令

步骤二：按下启动 SB2 后，M1 带电运转 10s，如图 2 - 71 所示。

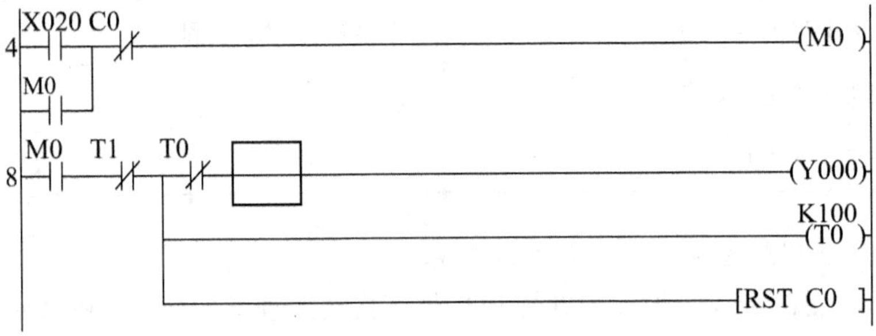

```
     X020 C0
4  ──┤├──┤/├──────────────────────────────(M0 )
     M0
   ──┤├──

     M0  T1  T0  ┌────┐
8  ──┤├─┤/├─┤/├──│    │───────────────────(Y000)
                 └────┘
                                           K100
   ─────────────────────────────────────(T0 )

   ─────────────────────────────────────[RST C0 ]
```

图 2 - 71　设置延时启动功能（一）

步骤三：计时 10s 后，M2 带电运转 15s，如图 2 - 72 所示。

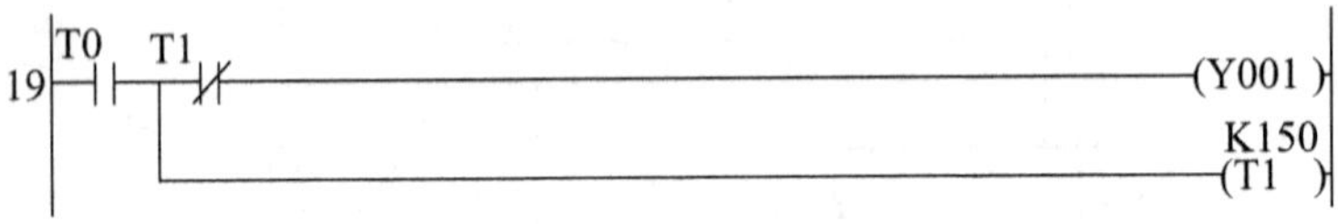

```
     T0   T1
19 ──┤├──┤/├──────────────────────────────(Y001)
                                           K150
   ─────────────────────────────────────(T1 )
```

图 2 - 72　设置延时启动功能（二）

步骤四：完善全部程序，实现自动 3 次的延时开启功能循环动作，如图 2 - 73 所示。

方法二：置位/复位指令编程实现相同功能。

由于 PLC 程序执行的速度远远高于外部接触器触点的动作速度，因此在程序设计的过程中，还可以通过脉冲指令的方式，减慢 PLC 程序中按钮的动作时间（参见图 2 - 74）。

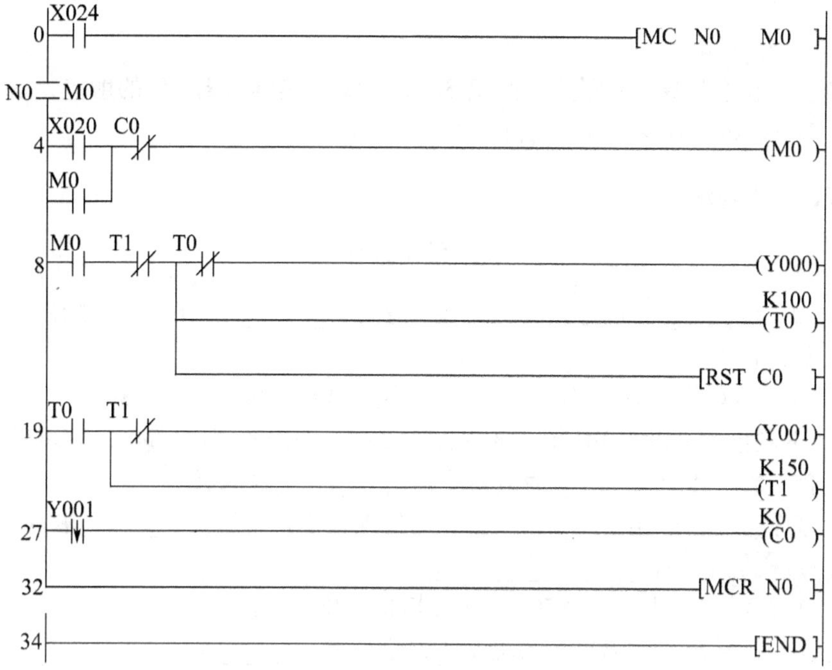

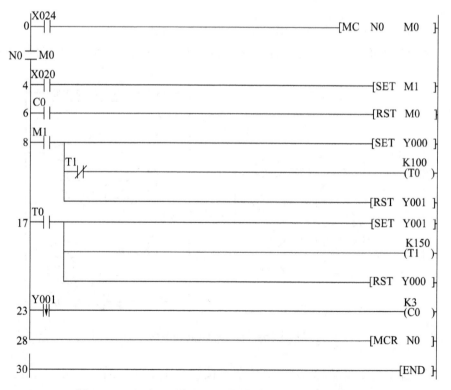

图 2－73　设置延时开启功能循环动作

图 2－74　电动机顺序启动置位/复位指令控制梯形图程序

（六）程序调试

接通主电路电源，分别按下按钮 SB1，SB2 和热继电器 FR 的触点，观察接触器 KM1 和 KM2 以及两台电动机动作是否符合控制要求。

五、思考与练习

填空与简答题

1. MC 是_____的连接指令，用于表示_____的开始，只能用于_____输出继电器。

2. 执行 MC 指令后，母线_____；执行 MCR 指令后，母线_____。

3. 主控指令可以在 MC 指令区内再次使用，即嵌套使用。MC，MCR 指令最多可嵌套 8 层，其中_____为最高层，_____为最低层。

4. 急停按钮 QS 用于_____，在电气连接中常采用其_____触点。

5. 进栈的指令是_____。

6. X 系列 PLC 中（T0 K50）定时器的动作时间为_____。

7. FX 系列 PLC 的 C99 计数器最大设定值是_____。

8. M8013 是归类于_____的继电器。

9. M8034 是_____，有_____功能。

10. FX 系列 PLC 中表示 RUN 监视常闭触点的是_____。

11. 使用 MC 和 MCR 指令有哪些注意事项？根据图 2-75 写出语句表程序。

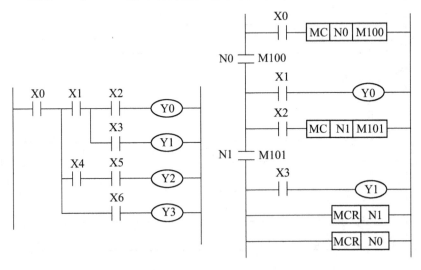

图 2-75　MC 和 MCR 指令图

12. 请补充、完善梯形图：按下复位按钮 SB1（X0）后，灯延时 5s 发光并保持；按下复位按钮 SB2（X1），灯立刻熄灭（参见图 2-76）。

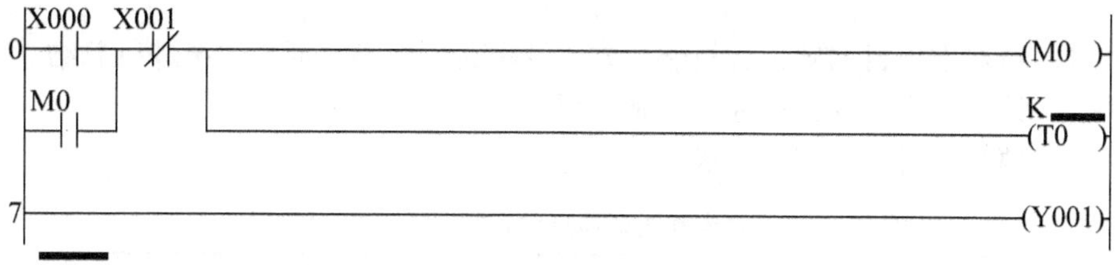

图 2-76

按下启动常开复位按钮 SB1（X0），接通 HL1 灯（Y0），启动按钮复位后，HL1 灯 5s 后熄灭。按下常开复位按钮 SB2（X1）灯熄灭（参见图 2-77）。

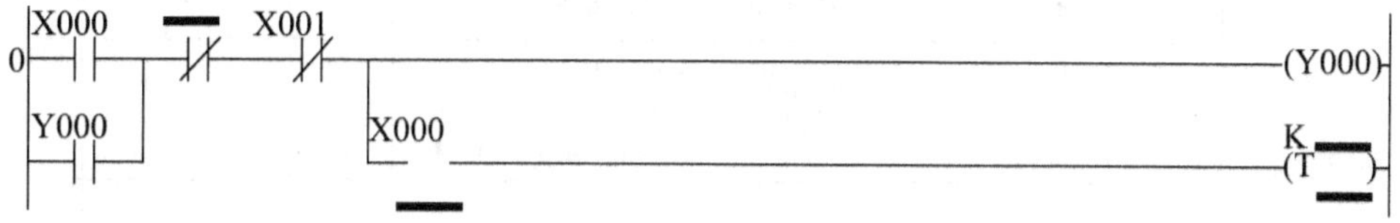

图 2-77

按下复位按钮 SB1（X0）后，延时 2s 后灯发光，保持 3s 后，灯自动熄灭。按下复位按钮 SB2（X1），灯熄灭（参见图 2-78）。

图 2-78

实践操作题

1. 请利用定时器实现两台电动机顺序启动、同时停机的 PLC 控制。

控制要求如下：按下 SB1，电动机 M1 动作，粗加工刀头 1 启动；2s 后 M2 动作，精加工刀头 2 启动；同时运行 3s 后，两台电动机从粗加工开始循环动作。按下 SB2，停止系统工作。

2. 请实现人行横道的交通灯自动控制。其具体的控制要求如下：按下启动按钮 SB1，交通灯处于工作运行状态，蜂鸣器报警，1s 后，黄色指示灯点亮；15s 后绿灯点亮；20s 后，红灯点亮 10s。红灯亮后，各指示灯熄灭，除非再次按下启动按钮。

六、项目学业评价

1. 请对本项目的知识、技能、方法及项目实施等方面的情况进行总结。
2. 请总结交流项目任务的控制过程，并分享学习体会。
3. 填写项目评估表（见表2–24）。

表2–24 两台电动机顺序启动运行 PLC 控制项目评估表

班级			学号		姓名	
项目名称						
评估项目	评估内容	评估标准		配分	学生自评	学生互评	教师评分
专业能力	知识掌握情况	项目知识掌握效果好		10			
	选择元件	根据题意合理选择元件		5			
	I/O 分配	根据 PLC 结构合理分配 I/O		5			
	外部接线及布线工艺	按照原理图正确、规范接线		5			
	定时器的使用	能正确使用定时器		5			
	梯形图程序设计	程序编写合理，不冗长		10			
		程序的运行稳定		5			
		程序的监控/测试		10			
专业素养	安全文明操作素养	规范使用设备及工具		5			
		设备、仪表、工具摆放合理		5			
方法能力	自主学习能力	预习效果好		5			
	理解、总结能力	能正确理解任务，善于总结		5			
	创新能力	选用新方法、新工艺效果好		10			
社会及个人能力	团队协作能力	积极参与，团结协作，有团队精神		5			
	语言沟通表达能力	清楚表达观点，展（演）示效果好		5			
	责任心	态度端正，完成项目认真		5			
合　计				100			
教师签名				日　期			

学习情境三　陶瓷机械设备报警指示的 PLC 设计与维护

课程名称：PLC 原理与应用	适用专业：机电一体化专业
学习情境名称：陶瓷机械设备报警指示的 PLC 设计与维护	建议学时：32 学时

一、学习情境描述

本学习情境包含 3 个任务，任务模拟自动化生产线上的关于警示灯的典型工作任务，知识目标涉及 PLC 可编程序控制师考证及竞赛的考核点。

本学习情境的主要内容涵盖知识、技能、职业能力三大方面。其中知识内容主要涉及 PLC 的比较指令、循环移位指令、算术运算指令、逻辑运算指令的应用、定时器的拓展用法、高速计数器的基本使用方法、数据寄存器的使用等；技能方面则涉及利用功能指令的经验编程方法、逻辑运算法编制程序；职业能力方面则要求学生在重复的工作过程中养成良好的工作习惯，在不同工作任务的实施过程中自主建构符合自身认知规律的专业技能知识，突出学生学习的主动性和主体地位。

二、能力培养要点

本学习情境能力培养要点如表 3 - 1 所示。

表 3 - 1　陶瓷机械设备报警指示的 PLC 设计与维护能力培养要点

序号	技能与学习水平		知识与学习水平	
	技能点	学习水平	知识点	学习水平
1	能控制一盏工作警示灯闪亮报警动作	能结合任务书的要求，联机调试设备是否满足控制要求	PLC 定时器的拓展应用、交替指令的应用	能利用定时器制作脉冲发生器
2	能控制三盏指示灯依次动作过程	能利用 PLC 控制三盏灯的依次动作	PLC 比较指令的应用、数据寄存器的应用	能利用比较指令控制单向交通灯
3	能控制多盏指示灯循环流水动作过程	能安装调试设备控制多盏指示灯循环流水动作过程	PLC 循环移位指令的应用	能利用功能指令控制天塔之光的循环点亮

序号	技能与学习水平		知识与学习水平	
	技能点	学习水平	知识点	学习水平
4	能控制入仓提示灯动作过程	能利用 PLC 控制入仓警示灯的计数统计和入仓提示	PLC 高速计数器的基本应用和算术运算、逻辑运算指令的应用	能利用计数器实现自动停车场的车流控制

任务一　陶瓷机械设备电柜运行警示灯动作控制

一、任务描述

设备厂要求小洋对陶瓷机械设备控制电柜工作警示灯的报警动作进行 PLC 控制（参见图 3 - 1）。具体控制要求：按下启动按钮 SB4 后，陶瓷抛光机处于工作状态，工作警示灯 HL1 以发光 1s、熄灭 1s 的频率不停闪烁；按下停止按钮 SB5，HL1 灯熄灭。

图 3 - 1　陶瓷机械设备控制电柜警示灯

二、目标与要求

（1）能用定时器制作脉冲发生器；

（2）能使用交替/方便指令、特殊辅助继电器、计数器实现指示灯的控制要求；

（3）能养成安全警示的意识；

（4）能完成陶瓷机械设备电柜运行警示灯闪亮警示的安装与调试。

三、任务准备

（一）脉冲分频器的制作

由于普通型定时器可以利用其常闭触点进行自动复位，因此可制作如图3－2所示输出宽度等于定时器设定值的脉冲电路。

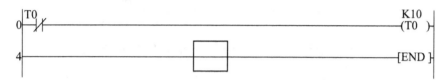

图3－2　输出宽度等于定时器设定值的脉冲电路

通过定时器的触点控制对方的线圈，实现正反馈的振荡电路常常用于控制指示灯的闪烁，如图3－3所示。

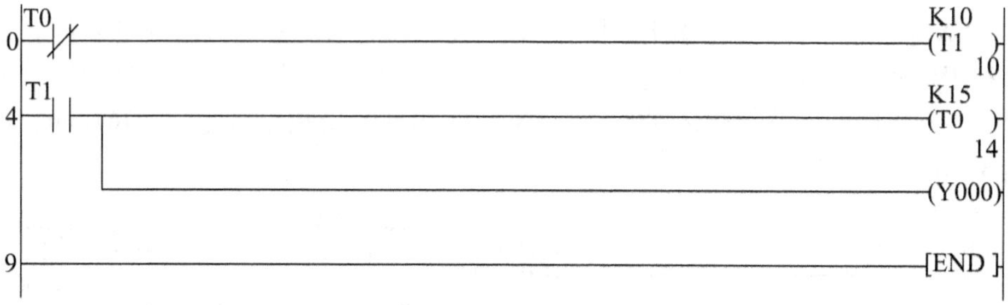

图3－3　正反馈振荡电路控制指示的闪烁

接通电源后，T1线圈带电，1s后定时时间到，T1常开触点闭合接通，使Y0带电为"ON"，同时T0线圈带电，开始计时。1.5s后其常闭触点断开，使T1失电，则T1常开触点断开，使Y0断电为"OFF"，开始下一个周期的动作。其中，Y0的带/失电的时间分别为T0，T1的设定值。

除了基本指令和步进指令之外，FX系列PLC还有应用指令和方便指令。交替指令ALT（Alternate，FNC66）用一个按钮就可以控制外部负载的启动和停止。如图3－4所示，当按钮X20由"OFF"变为"ON"时，Y0状态改变一次。若不用脉冲执行方式，则每个扫描周期Y0都要改变一次，为减少不必要的干扰，尽量采用脉冲输入信号，或者脉冲输出信号。

ALT指令具有分频器的功能，可与脉冲定时器一起实现各种频率的分频。

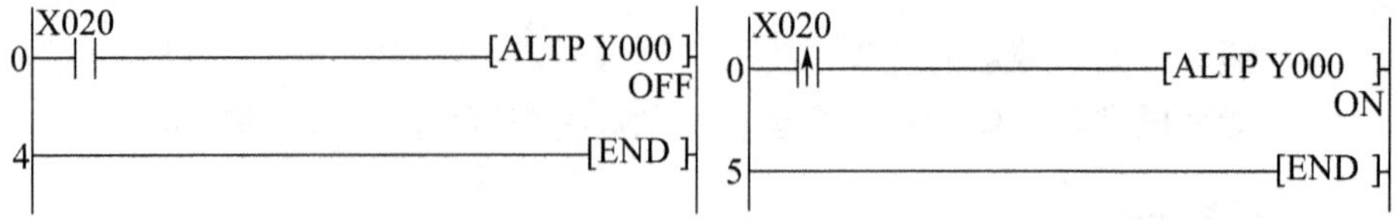

图 3 - 4　交替指令

例如，实现输出频率为 1Hz 的脉冲分频如图 3 - 5 所示。

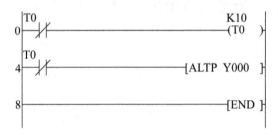

图 3 - 5　1Hz 的脉冲分频电路

（二）定时器定时范围的拓展

FX 系列定时器的最长定时时间为 3 276.7s，如果需要更长时间的定时，可以利用定时器和计数器实现定时范围的拓展。例如，结合计数器的最大计数值 32 767 和辅助继电器 M8014 的触点，FX 可以实现的最长定时为 326 767min，如图 3 -6 所示。

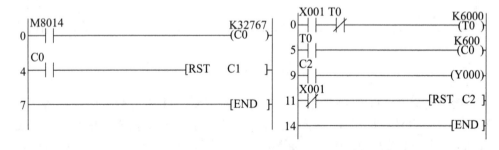

图 3 -6　定时范围的拓展

四、任务实施

（一）任务实施准备

任务实施器材准备如表 3 -2 所示。

表3-2 电柜运行警示灯运行PLC控制项目器材

序　号	符　号	器材名称	单　位	数　量	备　注
1	YL-235A	光电一体实训台	台	1	
2	按钮模块		个	1	
3	PLC模块		个	1	
4	电源模块		个	1	

（二）任务实施计划

任务实施计划如图3-7所示。

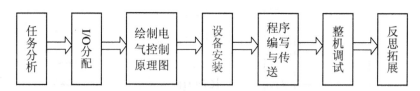

图3-7 陶瓷机械设备警示灯运行任务实施计划

（三）任务分析

由于警示灯的动作是不断往复进行的，所以采用顺序工作控制，如图3-8所示。

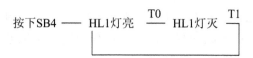

图3-8 警示灯动作示意图

（四）任务实施过程

1. 对PLC进行I/O分配

由项目分析可知，控制元件为按钮SB4，执行元件为二极管警示灯HL1。对PLC进行I/O（输入/输出）地址分配，如表3-3所示。

表3-3 陶瓷机械设备警示灯运行PLC控制项目I/O分配表

输　入		输　出	
外部控制硬元件	PLC内部软元件	外部执行硬元件	PLC内部软元件
SB4	X0	HL1	Y0
SB5	X1		T0
			T1

2. 画出 PLC 控制的电气原理图

根据项目的 I/O 分配表，进行 PLC 外部接线原理图设计，如图 3 – 9 所示。

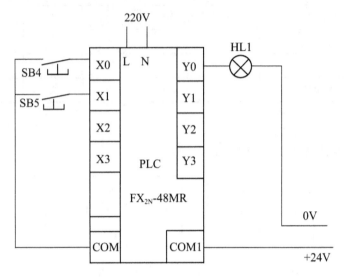

图 3 – 9　电柜运行警示灯 PLC 控制电气原理图

3. 按照电气原理图完成接线

本任务主要在 YL – 235A 设备上进行操作，该设备为铝合金导轨式工作台。其中包含机电一体化设备的机械部件、PLC 模块单元、触摸屏模块单元、变频器模块、按钮模块单元、接线端子排和各种传感器等。为更好地结合企业生产的现场和工作台的实际，在完成安装与接线的过程中应遵循机电一体化规范操作要求。具体要求见附录 3。

操作步骤：

（1）选择合适的实训模块，如图 3 – 10 所示。

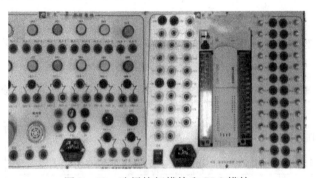

图 3 – 10　选择按钮模块和 PLC 模块

（2）利用安全插拔线连接 PLC 控制输入电路，如图 3 – 11 所示。

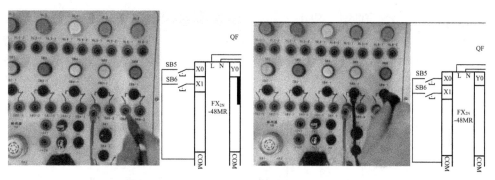

图 3 – 11　连接 PLC 控制输入电路

（3）连接 PLC 控制输出电路，如图 3 – 12 所示。

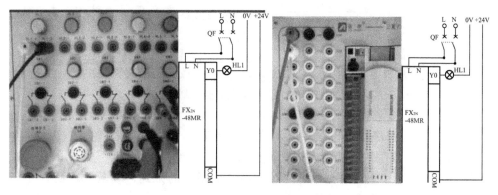

图 3 – 12　连接 PLC 控制输出电路

（五）程序编写

方法一：根据经验编程法中的闪烁单元典型电路设计，参考梯形图程序如图 3 – 13、图 3 – 14 所示。

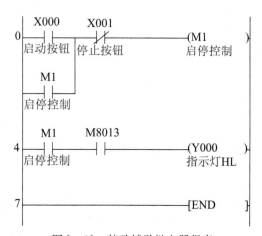

图 3 – 13　特殊辅助继电器程序

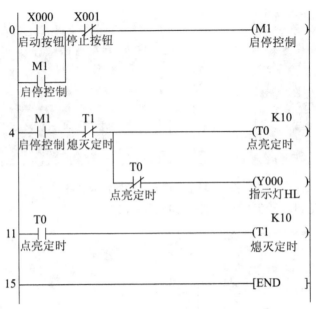

图 3 - 14　基本定时器控制

方法二：交替输出功能指令编程实现相同功能。

由于 PLC 程序执行的速度远远高于外部接触器触点的动作速度，因此，在程序设计的过程中，还可以通过交替输出功能指令的方式，减慢 PLC 程序中按钮的动作时间，如图 3 - 15 所示。

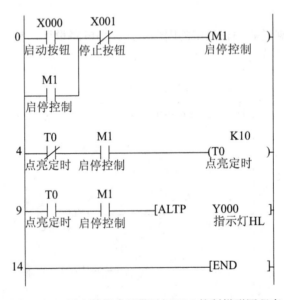

图 3 - 15　用交替指令的警示灯 PLC 控制梯形图程序

五、思考与练习

填空与简答题

1. 特殊辅助继电器 M8011 是_____时钟脉冲。
2. 特殊辅助继电器 M8012 是_____时钟脉冲。
3. 特殊辅助继电器 M8013 是_____时钟脉冲。
4. 特殊辅助继电器 M8014 是_____时钟脉冲。
5. 一个字由_____个二进制位组成，字元件主要用来处理_____数据。
6. 交替指令 ALT 的目标操作元件可以取_____，只有 16 位运算。
7. 交替指令 ALT 具有_____作用。
8. 在功能指令之前加"D"表示处理位的_____字数据。
9. 在功能指令之前不加"D"表示处理位的_____字数据。
10. 在功能指令之后加"P"表示执行_____。
11. 位元件用来表示_____量。
例如：触点的通断和线圈的得电失电，可用数字 0，1 表示。

12. 在实际使用过程中，可以利用 K_1X0 表示连续的 4 位元件组 $X3X2X1X0$，用 K_2X0 表示连续的____ 位元件组_____。

13. 如图 3-16 所示功能：接通按钮 X21 后，将 16 位数 2（二进制的 0010）传送给 Y37……Y20 的 16 位连续位元件组，此时，相对应的____带电。

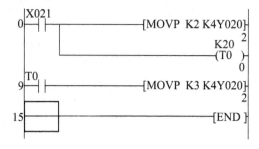

图 3-16

实践操作题

请安装并调试陶瓷机械电柜运行指示灯的运行、待机、过载多种指示的控制柜。具体控制要求如下：设备通电后，按下 SB4，运行指示灯 HL1 灯以每秒 1 次的频率闪烁，设备运行。若出现过载现象（SB1），过载指示灯 HL2 灯以亮 2s 灭 1s 的频率闪烁。按下停止按钮 SB5，设备停止，停止指示灯 HL3 点亮。

六、项目学业评价

1. 请对本项目的知识、技能、方法及项目实施情况等方面进行总结。
2. 填写项目评估表（见表 3-4）。

表 3-4　陶瓷机械设备电柜警示灯 PLC 控制项目评估表

班级		学号			姓名		
项目名称							
评估项目	评估内容	评估标准		配分	学生自评	学生互评	教师评分
专业能力	知识掌握情况	项目知识掌握效果好		10			
	元件选择	根据题意合理选择元件		5			
	I/O 合理	根据 PLC 结构合理分配 I/O		5			
	外部接线及布线工艺	按照原理图正确、规范接线		5			
	定时器的使用	能正确使用定时器		5			
	梯形图程序设计	程序编写合理，不冗长		10			
		程序的运行稳定		5			
		程序的监控/测试		10			
专业素养	安全文明操作素养	规范使用设备及工具		5			
		设备、仪表、工具摆放合理		5			
方法能力	自主学习能力	预习效果好		5			
	理解、总结能力	能正确理解任务，善于总结		5			
	创新能力	选用新方法、新工艺效果好		10			
社会及个人能力	团队协作能力	积极参与，团结协作，有团队精神		5			
	语言沟通表达能力	清楚表达观点，展（演）示效果好		5			
	责任心	态度端正，完成项目认真		5			
合　计				100			
教师签名				日　期			

任务二　陶瓷机械设备电柜运行/停止/待机警示灯控制

一、任务描述

设备厂要求小洋对陶瓷抛光机控制电柜的设备运行/停止/待机状态警示灯的

报警动作进行 PLC 控制。具体控制要求：按下启动按钮 SB4 后，陶瓷抛光机处于"待机"状态，黄色待机警示灯 HL1 以发光 1s、熄灭 1s 的频率不停闪烁，1min 后，设备自动进入"运行"状态，绿色运行警示灯 HL2 灯长亮。工作 5min 后，设备自动停止，此时设备进入"停止"状态，红色停止警示灯以亮 1s、灭 2s 的频率闪烁，设备停止 3min 后，设备自动进入待机状态，并依次循环。按下停止按钮 SB5，所有灯熄灭。

二、目标与要求

（1）能使用比较指令、传送指令实现三盏指示灯的交替控制警示要求；
（2）能使用数据寄存器实现指示灯闪亮时间的调整；
（3）能完成陶瓷机械设备电柜运行/停止/待机警示灯闪亮警示的安装与调试。

三、任务准备

（一）应用指令的表示方法

FX 系列的 PLC 除了用于开关量控制的基础指令和步进指令外，还有很多可用于控制字元件的应用指令。应用指令可分为以下几种类型：常用的指令、与数据的基本指令有关的指令、与 PLC 的高级应用有关的指令、方便指令与外部 I/O 设备指令、实现人机对话的指令等，共 136 条。

FX 系列的 PLC 采用计算机通用的助记符形式来表示应用指令。一般用指令的英文名称或缩写作为助记符。例如，传送指令如图 3 - 17 所示。

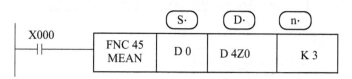

图 3 - 17　传送指令表示方法

大多数应用指令有 1 ～ 4 个操作数，如图 3 - 17 中，用（S·）表示源操作数，（D·）表示目标操作数。S 和 D 后面的"·"表示可以使用变址功能。n 或 m 表示常数或者其他的操作数。

（二）32 位指令

在 FX 编程手册中，每条指令的前面给出了一个标志的图形。该图形左侧的"D"表示可以处理 32 位数据，相邻的两个数据寄存器组成的 32 位数据寄存器对。图 3 - 18 所示的数据传送指令，其功能是将 D20 和 D21 组成的 32 位传送到

D22 和 D23 组成的 32 位数据。若指令之前没有 D,则表示该指令处理 16 位数据。

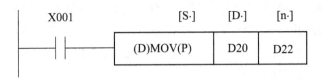

图 3 - 18　数据传送指令

(三) 脉冲执行指令

图 3 - 18 中,P 表示可以采用脉冲执行方式,仅仅 X1 从"OFF"变成"ON"的上升沿时执行一次传送指令。

INC (加 1)、DEC (减 1) 和 XCH (数据交换) 等指令一般使用脉冲执行方式。脉冲执行方式可以减少执行指令的时间。其中符号 D,P 可以同时使用。如图 3 - 18 中的 DMOVP。

(四) 比较指令的基本用法

比较指令 CMP 的基本表示及适用元件如图 3 - 19 所示。

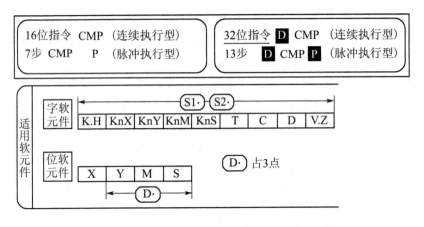

图 3 - 19　比较指令 CMP 的基本表示及适用元件

比较指令 CMP 的功能是比较源操作数 (S1·) (S2·),将比较的结果送给目标源 (D1·),比较的结果由 (D1·) 的状态表示。比较源操作数 (S1·) (S2·) 可以是任意的字软元件,目标源 (D1·) 可以取 Y,M,S,占用连续的三个软元件。如图 3 - 20 所示,当 X0 为"ON"时,将十进制数 100 与 C2 的当前值比较,比较的结果送给 M0 ~ M2。其中 M0 ~ M2 的状态分别表示了比较的结果,若 X0 为"OFF",则不进行比较,M0 ~ M2 的状态不变。

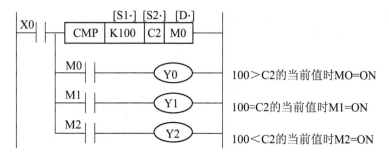

图 3 - 20　比较指令 CMP

【例1】0.1s 方波发生器的 PLC 控制程序如图 3 - 21 所示，当 X20 为"ON"时，定时器 T0 线圈开始计时，当时间到达设定值 20 时，其常闭触点断开，实现定时器的自动复位。利用比较指令，使 T0 当前值小于 1s 时，保持 Y0 带电；当 T0 当前值大于 1s 时，保持 Y2 带电，实现方波发生器的功能。

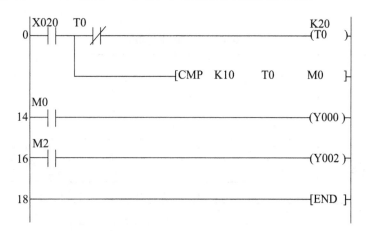

图 3 - 21　0.1s 方波发生器的 PLC 控制程序

（五）区间比较指令的基本用法

区间比较指令 ZCP 的功能是比较源操作数（S1·）（S2·）（S3·），将比较的结果送给目标源（D1·），比较的结果由（D1·）的状态表示。比较源操作数（S1·）（S2·）（S2·）可以是任意的字软元件，目标源（D1·）可以取 Y，M，S，占用连续的三个软元件。

【例2】三色警示灯的自动转化控制。如图 3 - 22 所示，当 X1 为"ON"时，将 T2 的当前值与十进制数 10，150 进行比较，比较的结果送给 M0 ～ M2。其中 M0 ～ M2 的状态分别表示了比较的结果，若 X0 为"OFF"，则不进行比较，M0 ～ M2 的状态不变。

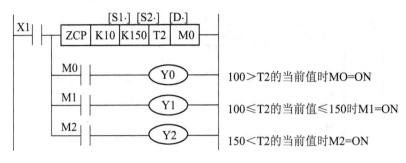

图 3 - 22　区间比较指令 ZCP 的表示方法与适用元件

（六）触点比较指令的基本用法

触点比较指令相当于一个触点，执行时比较源操作数（S1·）（S2·）满足条件，则等效的触点闭合。比较源操作数（S1·）（S2·）可以是所有的数据类型。在如表 3 - 5 所示的指令表中，可与 LD，AND，OR 结合表示各种触点比较的意义。

表 3 - 5　触点比较指令

功能指令代码	助记符	导通条件	非导通条件
FNC224	(D) LD =	[S1·] = [S2·]	[S1·] ≠ [S2·]
FNC225	(D) LD >	[S1·] > [S2·]	[S1·] ≤ [S2·]
FNC226	(D) LD <	[S1·] < [S2·]	[S1·] ≥ [S2·]
FNC228	(D) LD < >	[S1·] ≠ [S2·]	[S1·] ≥ [S2·]
FNC229	(D) LD ≤	[S1·] ≤ [S2·]	[S1·] > [S2·]
FNC230	(D) LD ≥	[S1·] ≥ [S2·]	[S1·] < [S2·]
FNC232	(D) AND =	[S1·] = [S2·]	[S1·] ≠ [S2·]
FNC233	(D) AND >	[S1·] > [S2·]	[S1·] ≤ [S2·]
FNC234	(D) AND <	[S1·] < [S2·]	[S1·] ≥ [S2·]
FNC236	(D) AND < >	[S1·] ≠ [S2·]	[S1·] = [S2·]
FNC237	(D) AND ≤	[S1·] ≤ [S2·]	[S1·] > [S2·]
FNC238	(D) AND ≥	[S1·] ≥ [S2·]	[S1·] < [S2·]
FNC240	(D) OR =	[S1·] ≥ [S2·]	[S1·] ≠ [S2·]
FNC241	(D) OR >	[S1·] > [S2·]	[S1·] ≤ [S2·]
FNC242	(D) OR <	[S1·] < [S2·]	[S1·] ≥ [S2·]
FNC244	(D) OR < >	[S1·] ≠ [S2·]	[S1·] = [S2·]
FNC245	(D) OR ≤	[S1·] ≤ [S2·]	[S1·] > [S2·]
FNC246	(D) OR ≥	[S1·] ≥ [S2·]	[S1·] < [S2·]

【例3】双色闪烁警示灯的控制如图3-23所示，将T0的当前值与十进制数10进行比较，当T0的当前值小于十进制数10时，触点导通Y1带电；当T0的当前值大于十进制数10时，触点导通Y0带电。

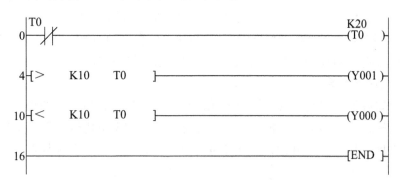

图3-23　双色闪烁警示灯的控制

（七）数据寄存器的应用

数据寄存器（D）是用来存储数据和参数的字元件，常用于模拟量检测与控制以及位置控制等场合。一个寄存器可以存储16位二进制数，两个数据寄存器合并起来可以存放32位数据。数据寄存器的最高位为符号位，符号位为0表示数据为正；符号位为1时表示数据为负。

数据寄存器可用于应用指令，也可以用于定时器T和计数器C的设定值的间接指定。各种数据寄存器的软元件范围如表3-6所示。

表3-6　各种数据寄存器的软元件范围

PLC系列	FX_{3G}	FX_{2N}，FX_{2NC}，FX_{3U}，FX_{3UC}
一般用途数据寄存器	128点，D0～127	200点，D0～199
断电保持数据寄存器	7 872，D128～7999	7 800，D200～7999
文件寄存器	7 000点，D1000～7999	

1. 一般用途数据寄存器

PLC从"RUN"模式进入"STOP"模式时，所有的一般用途数据的值被改写为0。如果特殊辅助继电器M8033为"ON"，PLC从"RUN"模式进入"STOP"模式时，一般用途数据寄存器的值保持不变。

2. 断电保持型数据寄存器

断电保持型数据继存器有断电保持功能，PLC从"RUN"模式进入"STOP"模式时，断电保持型寄存器的值保持不变。

3. 特殊用途的数据寄存器 D8000 ～ D8255

FX_{3G}，FX_{3U}，FX_{3UC}的特殊用途数据寄存器为 512 点（D8000 ～ D8511），其他系列为 256 点（D80002 ～ D8255），用来控制和监视 PLC 内部的各种工作方式和软元件，例如电池电压、扫描时间、正在动作的状态标号等。

可以用 D8000 来改写监控定时器以 ms 为单位的设定时间值。D8010 ～ D8012 中分别是 PLC 扫描时间的当前值、最大值和最小值。

4. 文件寄存器

文件寄存器用来设置具有相同软元件编号的数据寄存器的初始值。上电时、"STOP"模式变为"RUN"模式时，文件寄存器的数据被传送到系统 RAM 的数据寄存器区。从 D1000 开始，以 500 点为单位设置文件寄存器的容量。

四、任务实施

（一）任务实施计划

陶瓷机械设备电柜运行/停止/待机警示灯控制任务实施计划如图 3 - 24 所示。

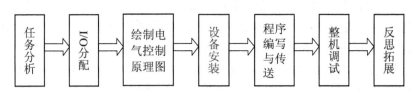

图 3 - 24 任务实施计划示意图

（二）任务分析

采用顺序工作控制警示灯的循环往复动作，如图 3 - 25 所示。

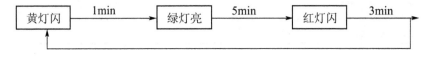

图 3 - 25 顺序工作控制警示灯循环往复动作示意图

（三）任务实施过程

1. 对 PLC 进行 I/O 分配

PLC 的 I/O 分配如表 3 - 7 所示。

表 3 - 7　PLC 的 I/O 分配

输入端（I）		输出端（O）	
外接控制元件	输入端子	外接执行元件	输出端子
启动按钮 SB4 常闭触点	X1	黄色待机指示灯 HL1	Y0
停止按钮 SB5 常开触点	X2	绿色运行指示灯 HL2	Y1
		红色停止指示灯 HL3	Y2

2．绘制 PLC 的电气控制原理图

绘制的 PLC 电气控制原理图如图 3 - 26 所示。

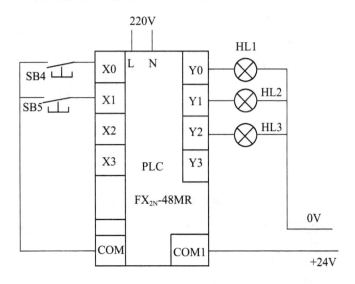

图 3 - 26　陶瓷机械设备电柜运行/停止/待机警示灯控制电气原理图

（四）程序编写

图 3 - 27 ～ 图 3 - 29 分别为基本比较指令、区间比较指令和触点比较指令控制梯形图程序。

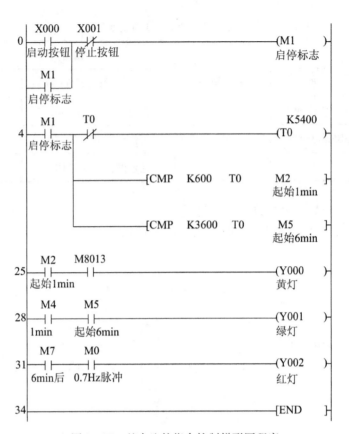

图 3-27　基本比较指令控制梯形图程序

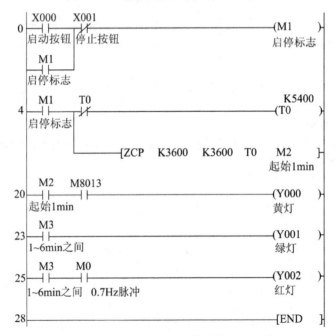

图 3-28　区间比较指令控制梯形图程序

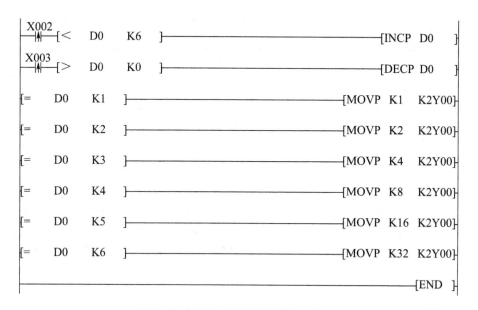

图 3 - 29　触点比较指令控制梯形图程序

五、思考与练习

填空与简答题

1. 在如图 3 - 30 所示的梯形图中，比较指令 CMP 是比较_____和_____，并将比较的结果送到_____。如果 C0 < 5 则_____接通为"ON"；C0 > 5，则_____接通为"ON"；C0 = 5，则_____接通为"ON"。

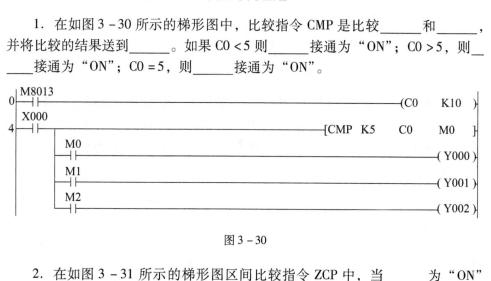

图 3 - 30

2. 在如图 3 - 31 所示的梯形图区间比较指令 ZCP 中，当_____为"ON"时，则执行 ZCP，将 T0 的当前值与_____和_____比较，并将比较的结果送到_____。如果 T0 < 150，则_____接通为"ON"；如果 T0 > 180，则_____接通为"ON"；如果 150 < T0 < 180，则_____接通为"ON"。

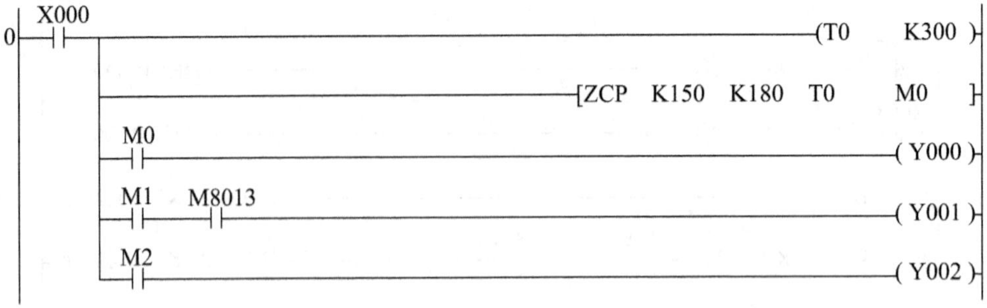

图 3-31

3. 触点比较指令相当于一个触点，在如图 3-32 所示的程序中，当 X0 接通后开始计时，并执行比较触点的 T0 和常数 150。如果 T0 < 150，则_____接通为"ON"；如果 T0 > 180，则_____接通为"ON"；如果 150 < T0 < 180，则_____接通为"ON"。

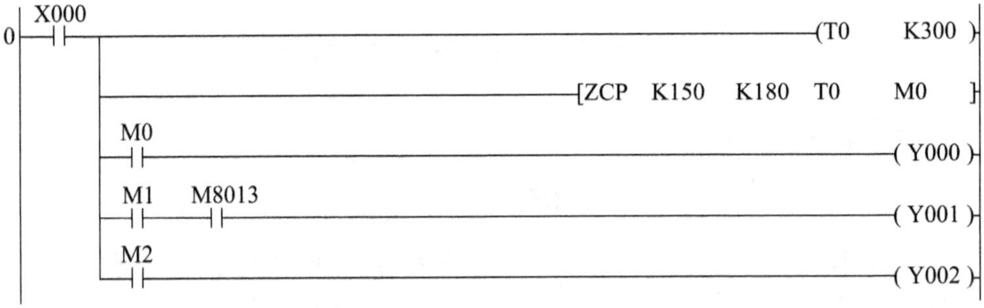

图 3-32

4. 触点比较指令相当于一个触点，在如图 3-33 所示的程序中，当 X0 接通后，开始计时，并执行比较触点的 T0 和常数 150。如果 T0 < 150，则接通为"ON"；如果 T0 > 180，则_____接通为"ON"；如果 150 < T0 < 180，则_____接通为"ON"。

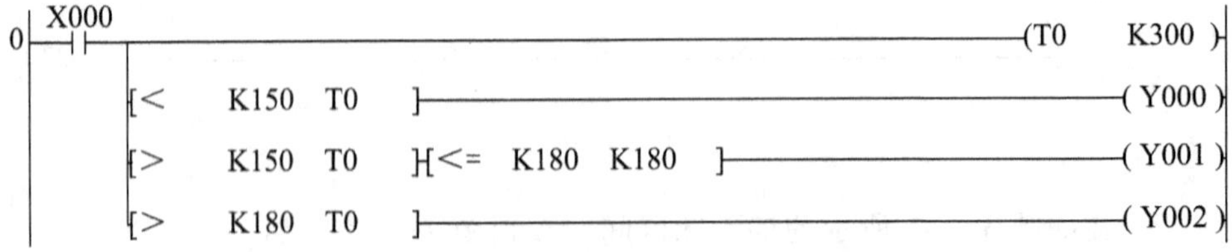

图 3-33

5. 在如图 3-34 所示的梯形图中，数据传送指令 MOV 具有将 16 位数据存入数据寄存器 D 的功能。当 X0 接通后，数据寄存器 D0 内的数值为_____。

当 X1 接通后，数据寄存器 D0 内的数值为_____。当 X2 接通后，数据寄存器 D1 内的数值为_____。

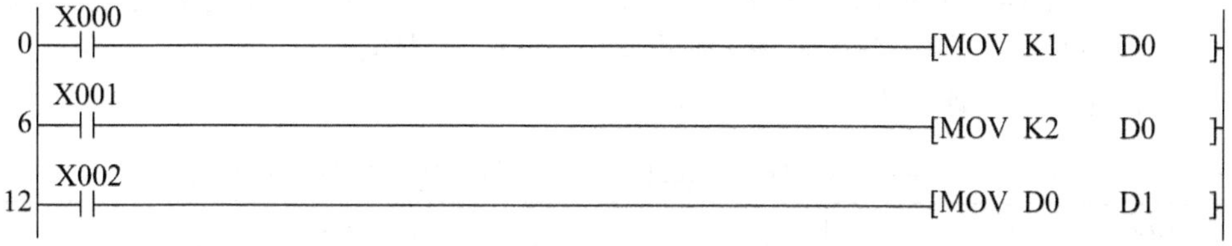

```
   X000
0 ├─┤├─────────────────────────────────────────[MOV  K1    D0  ]
   X001
6 ├─┤├─────────────────────────────────────────[MOV  K2    D0  ]
   X002
12├─┤├─────────────────────────────────────────[MOV  D0    D1  ]
```

图 3 – 34

6. 功能指令 DMOVP D20 D14 的含义是什么？
7. 功能指令 SMOVP D1 K4 K2 D2 K3 的含义是什么？
8. 功能指令 CML 的作用是什么？

实践操作题

利用 PLC 为高基街的十字路口的东西—南北方向红绿灯进行自动化控制，如图 3 – 35 所示。具体控制要求如下：

（1）当按下启动按钮时，信号系统开始并循环工作；当按下停止按钮时，系统停止在初始状态，即东西绿灯亮，允许通行；南北红灯亮，禁止通行。

（2）东西绿灯和南北绿灯不能同时亮。

（3）南北红灯维持亮 20s，东西绿灯亮 10s，再闪烁 6s 后，东西绿灯熄灭，东西黄灯亮 4s 后东西红灯亮；同时，南北红灯熄灭，南北绿灯亮。东西红灯亮维持 20s。南北绿灯亮 10s 后，绿灯闪烁 6s 再绿灯熄灭。同时南北黄灯亮 4s 后熄灭，这时南北红灯亮，东西绿灯亮。

（4）循环工作可实现十字路口交通灯的交替工作，实现了自动控制。

图 3 – 35　高基街十字路口的东西—南北方向红绿灯自动化控制

六、项目学业评价

1. 请对本项目的知识、技能、方法及项目实施等方面的情况进行总结。
2. 请总结交流项目任务的控制过程，并分享学习体会。
3. 填写项目评估表（见表3-8）。

表3-8　陶瓷机械设备电柜运行/停止/待机警示灯控制项目评估表

班级		学号		姓名		
项目名称						
评估项目	评估内容	评估标准	配分	学生自评	学生互评	教师评分
专业能力	知识掌握情况	项目知识掌握效果好	10			
	选择元件	根据题意合理选择元件	5			
	I/O 分配	根据 PLC 结构合理分配 I/O	5			
	外部接线及布线工艺	按照原理图正确、规范接线	5			
	应用指令使用合理	能正确使用功能指令，每多用一种指令加2分	5			
	梯形图程序设计	程序编写合理，不冗长	10			
		程序的运行稳定	5			
		程序的监控/测试	10			
专业素养	安全文明操作素养	规范使用设备及工具	5			
		设备、仪表、工具摆放合理	5			
方法能力	自主学习能力	预习效果好	5			
	理解、总结能力	能正确理解任务，善于总结	5			
	创新能力	选用新方法、新工艺效果好	10			
社会及个人能力	团队协作能力	积极参与，团结协作，有团队精神	5			
	语言沟通表达能力	清楚表达观点，展（演）示效果好	5			
	责任心	态度端正，完成项目认真	5			
合　计			100			
教师签名			日　期			

任务三 陶瓷抛光机电柜的工位指示灯循环移位检测动作控制

一、任务描述

设备厂要求小洋对陶瓷抛光机电柜的工位指示灯循环移位检测动作进行控制。具体控制要求：按下启动按钮 SB4 后，陶瓷抛光机的工位指示灯从 HL1，HL2，…，HL6 以间隔 5s 的频率顺序循环点亮；按下按钮 SB5，工位指示灯从 HL6，HL5，…，HL1 以间隔 5s 频率的顺序循环点亮。直到按下 SB6 停止按钮为止（参见图 3 – 36）。

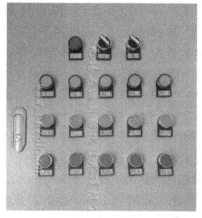

图 3 – 36 陶瓷抛光机电柜的工位指示灯

二、目的与要求

（1）能掌握字元件与位元件的转换；

（2）能使用循环移位指令实现多盏指示灯的循环移位控制要求；

（3）能利用赋值语句实现多盏指示灯的循环移位控制；

（4）能完成陶瓷机械设备电柜运行/停止/待机警示灯闪亮警示的安装与调试。

三、任务实施准备

（一）软元件的数据格式

PLC 的内部软元件主要有位元件与字元件两种格式。

位元件用来表示开关量的状态，只有"ON""OFF"两种状态，用二进制的"0""1"来表示。如触点的通与断、线圈的通电与断电等。PLC 内部的输入继电器 X、输出继电器 Y、中间辅助继电器 M、状态继电器 S 等都属于位元件格式。

一个字由两个字节组成，每个字节由 8 个二进制位组成，字元件用于处理数据。例如定时器 T、计数器 C 的当前值寄存器、数据寄存器 D 等。位元件也可以通过组合变成字元件来进行数据处理。

FX 系列的 PLC 用 K_nP 的形式表示连续的位元件组，每组由 4 个连续的位元件组成，P 为位软元件的首地址，n 为位软元件的组数（$n = 1 \sim 8$）。例如：

K_4M0 由 M0 ～ M17 组成的 4 个位元件组，其中 M0 为最低位（首位），其可以表示 32 位的字软元件。

（二）数制

FX 系列的 PLC 在应用过程中，常使用 6 种数制：八进制、十进制、二进制、十六进制、BCD 码、浮点数等。

（三）循环移位指令

右、左循环移位指令（D）ROR（P）和（D）ROL（P）编号分别为 FNC30 和 FNC31。执行这两条指令时，各位数据向右（或向左）循环移动 n 位，最后一次移出来的那一位同时存入进位标志 M8022 中，如图 3 - 37 所示。

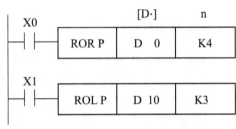

图 3 - 37　右、左循环移位指令的使用

（四）传送指令

MOV（D）或 MOV（P）指令的编号为 FNC12，该指令的功能是将源数据传送到指定的目标。如图 3 - 38 所示，当 X0 为"ON"时，则将 [S·] 中的数据 K100 传送到目标操作元件 [D·]，即 D10 中。在指令执行时，常数 K100 会自动转换成二进制数。

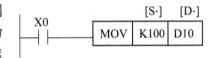

图 3 - 38　传送指令的使用

当 X0 为"OFF"时，则指令不执行，数据保持不变。

使用 MOV 传送指令时应注意：

（1）源操作数可取所有数据类型，标操作数可以是 K_nY，K_nM，K_nS，T，C，D，V，Z。

（2）16 位运算时占 5 个程序步，32 位运算时则占 9 个程序步。

（五）位置指令

脉冲输出指令（D）PLSY 的编号为 FNC57，它用来产生指定数量的脉冲。如图 3 - 39 所示，[S1·] 用来指定脉冲频率（2 ～ 20 000Hz），[S2·] 指定脉冲的个数（16 位指令的范围为 1 ～ 32 767，32 位指令则为 1 ～ 2 147 483 647）。如果指定脉冲数为 0，则产生无穷多个脉冲。[D·] 用来指定脉冲输出元件号。脉冲的占空比为 50%，脉冲以中断方式输出。指定脉冲输出完后，完成标志 M8029 置 1。X10 由"ON"变为"OFF"时，M8029 复位，停止输出脉冲。若 X10 再次变为"ON"，则脉冲从头开始输出。

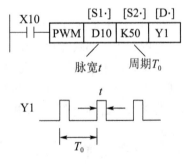

图 3 - 39　脉冲输出指令的使用

使用脉冲输出指令时应注意：

（1）［S1·］、［S2·］可取所有的数据类型，［D·］为 Y1 和 Y2。

（2）该指令可进行 16 位和 32 位操作，分别占用 7 个和 13 个程序步。

（3）本指令在程序中只能使用一次。

（六）利用赋值语句实现多盏指示灯的循环移位控制

如图 3 - 40 所示，利用赋值语句实现多盏指示灯的循环移位控制。

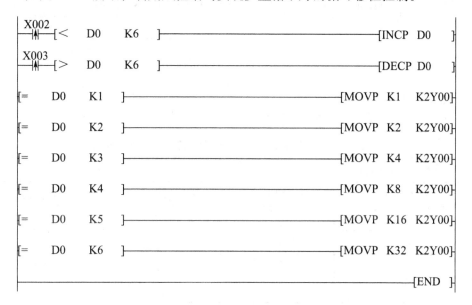

图 3 - 40　利用赋值语句实现多盏指示灯的循环移位控制

四、任务实施与评价

（一）任务实施计划

陶瓷抛光机电柜的工位指示灯循环移位检测动作控制实施计划如图 3 - 41 所示。

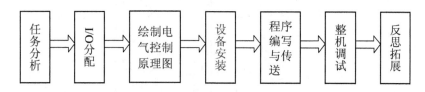

图 3 - 41　任务实施计划

（二）任务分析

由于警示灯的动作是不断往复的，所以采用顺序动作控制，如图 3 - 42 所示。

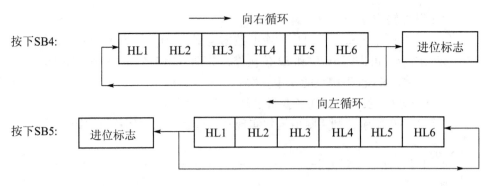

图 3 - 42　PLC 顺序动作控制

（三）任务实施过程

（1）确定 PLC I/O 分配（见表 3 - 9）

表 3 - 9　陶瓷抛光机电柜的工位指示灯 PLC I/O 分配表

输入端（I）		输出端（O）	
外接控制元件	输入端子	外接执行元件	输出端子
SB4	X20	HL1	Y0
SB5	X21	HL2	Y1
		HL3	Y2
		HL4	Y3
		HL5	Y4
		HL6	Y5

（2）绘制 PLC 控制电气原理图（见图 3 - 43）

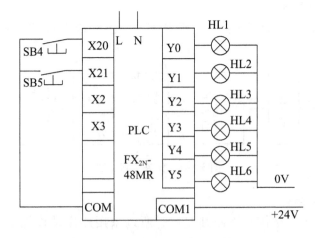

图 3 - 43　陶瓷抛光机电柜的工位指示灯电气控制原理图

（四）程序编写与传送

（1）循环移位指令的应用（参见图3－44）

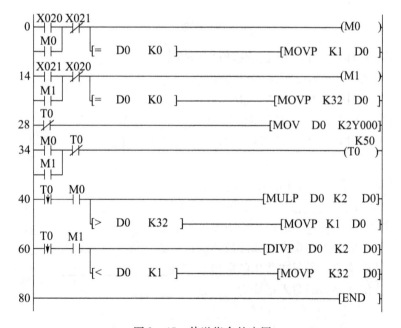

图3－44　循环移位指令的应用

（2）传送指令的应用（参见图3－45）

图3－45　传送指令的应用

（3）位左、右移指令的应用（参见图 3 - 46）

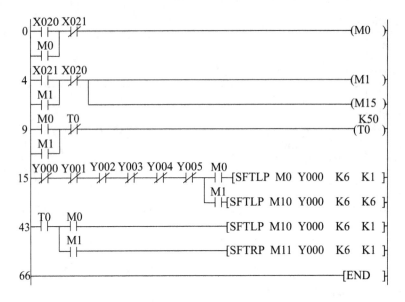

图 3 - 46　位左、右移指令的应用

注意：左移的方向是元件号增加的方向，右移的方向是元件号减小的方向。

五、思考与练习

填空题

1. FX 系列 PLC 中，16 位的数值传送指令是_____。

2. FX 系列 PLC 中，位右移指令是_____。

3. FX 系列 PLC 中，位左移指令是_____。

4. FX 系列 PLC 中，求平均值指令是_____。

5. FX 系列 PLC 中，当 PLC 要与外部仪表进行通信时，可以采用_____指令。

6. PLC 的锁存数据清除指令为_____。

7. ROR 是_____指令，它的操作目标可以_____。

8. ROL 是_____指令，它的操作目标可以_____。

9. 三菱 PLC 中，16 位内部计数器的计数数值最大可设定为_____。

10. 循环移位指令每次移出的那位存储在_____。

11. 移位寄存器的写入指令为_____。

12. SFWR D0 D1 K3 的意义是_____。

13. SFRD D1 D20 K3 的意义是_____。

14. ZRST 是＿＿＿＿＿＿＿指令，目标操作可以是＿＿＿＿＿＿＿＿＿。

15. FX 的算术运算指令包括＿＿＿＿＿＿＿指令，目标操作数可以是＿＿＿＿＿。

16. INC 是＿＿＿＿＿＿＿指令，其作用是＿＿＿＿＿＿＿＿＿＿。

17. MOVP K28 K4Y0 指令在执行后，将＿＿＿＿＿＿＿置1，＿＿＿＿＿＿＿置0。

实践操作题

请在 YL－235A 设备上设计并实施"天塔之光"。具体控制要求如下：

（1）按下启动按钮，指示灯以间隔 2s 的频率循环显示 2 次：HL1→HL2→HL3→HL4→HL5→HL6→HL7→HL8→HL1→HL2……完成 2 次后，指示灯三盏组成一组进行间隔 3s 的频率循环闪烁 1 次：HL1，HL2，HL3→HL4，HL5，HL6→HL7，HL8，HL1。

（2）按下停止开关，"天塔之光"控制系统停止运行。

六、项目学业评价

1. 请结合循环移位指令与位左/右移指令的应用，分享两指令的特点与区分。

2. 填写项目评估表（见表 3－10）。

表 3－10　陶瓷抛光机电柜的工位指示灯循环移位检测动作控制项目评估表

班级		学号		姓名			
项目名称							
评估项目	评估内容	评估标准		配分	学生自评	学生互评	教师评分
专业能力	知识掌握情况	项目知识掌握效果好		10			
	选择元件	根据题意合理选择元件		5			
	I/O 合理	根据 PLC 结构合理分配 I/O		5			
	外部接线及布线工艺	按照原理图正确、规范接线		5			
	定时器的使用	能正确使用定时器		5			
	梯形图程序设计	程序编写合理、不冗长		10			
		程序的运行稳定		5			
		程序的监控/测试		10			

续表

评估项目	评估内容	评估标准	配分	学生自评	学生互评	教师评分
专业素养	安全文明操作素养	规范使用设备及工具	5			
		设备、仪表、工具摆放合理	5			
方法能力	自主学习能力	预习效果好	5			
	理解、总结能力	能正确理解任务，善于总结	5			
	创新能力	选用新方法、新工艺效果好	10			
社会及个人能力	团队协作能力	积极参与，团结协作，有团队精神	5			
	语言沟通表达能力	清楚表达观点，展（演）示效果好	5			
	责任心	态度端正，完成项目认真	5			
合　计			100			
教师签名			日　期			

学习情境四　陶瓷加工生产线设备的传送带设计与维护

课程名称：PLC 技术基础与应用	适用专业：机电一体化专业
学习情境名称：陶瓷加工生产线设备的传送带设计与维护	建议学时：36 学时

一、学习情境描述

本学习情境包含 3 个任务，这些任务以佛山特色陶瓷加工包装生产线的安装与检测、自动调速控制设计与维护为主，以陶瓷包装生产线的基本动作设计与维护等综合能力为培养目标。

本学习情境的主要内容涵盖了知识、技能、职业能力三大方面。其中知识内容主要涉及变频器的结构、工作原理与基本参数的设置，以及三菱 FX_{2N} 系列 PLC 顺序控制步进指令的程序设计等内容。职业能力方面则要求学生在重复的工作过程中养成良好的工作习惯，在不同工作任务的实施过程中自主建构符合自身认知规律的专业技能知识，突出学生学习的主动性和主体地位。

二、能力培养要点

本学习情境能力培养要点如表 4 - 1 所示。

表 4 - 1　陶瓷传送带的动作与维护能力培养要点

序号	技能与学习水平		知识与学习水平	
	技能点	学习水平	知识点	学习水平
1	收集、处理信息	能根据工作任务收集、整理相关的参考资料	自动化传送带的工作过程	能准确说出自动化生产线控制的工作过程
2	变频器的安装与检测	能根据工业现场环境按照要求正确安装	变频器的结构与工作原理	能掌握变频器的工作原理
3	变频器参数的设置与调速	能正确理解各参数意义，并进行相关设置	变频器的参数设置	能根据具体工艺控制要求正确设置相关参数

序号	技能与学习水平		知识与学习水平	
	技能点	学习水平	知识点	学习水平
4	单一产品包装生产线的自动控制	能对简单生产线进行控制	顺序控制单序列步进指令的应用	能应用顺序控制思路进行简单编程
5	分类包装生产线的自动控制	能对分类检测生产线进行自动控制	顺序控制选择性分支步进指令的应用	能应用顺序控制思想进行复杂编程

任务一 陶瓷包装生产线皮带输送机试运行检测控制

一、任务描述

陶瓷车间的包装生产线物料传送带出现抖动和滞留现象，为保证能顺利生产，工程设备部小洋对生产线传送带进行故障排查与维护。具体维护工作要求如下：

（1）利用手动方式，检测传送带是否能正常工作；

（2）通过调试，明确传送带出现抖动和滞留的极限频率；

（3）重新设定运行频率，排除故障。

二、目标与要求

（1）理解变频器的结构和工作原理；

（2）能正确绘制变频器的电气连接图并安装；

（3）能正确设置变频器 JOG 指令，设置陶瓷包装线传送带的点动运行频率。

三、任务准备

（一）变频器的工作原理

变频器（Variable - frequency Drive，VFD）是应用变频技术与微电子技术，通过改变电机工作电源频率方式来控制交流电动机的电力控制设备（参见图 4 - 1）。

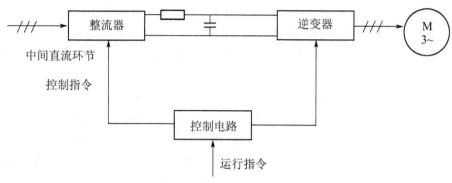

图 4 - 1　交 - 直 - 交变频器的基本结构

变频器的工作原理是通过控制电路来控制主电路，主电路中的整流器将交流电转变为直流电，直流中间电路将直流电进行平滑滤波，逆变器最后将直流电再转换为所需频率和电压的交流电，部分变频器还会在电路内加入 CPU 等部件，来进行必要的转矩运算。

变频器是将工频电源转换成任意频率、任意电压的交流电源的一种电气设备。变频器的使用主要是调整电机的功率，实现电机的变速运行。变频器的组成主要包括控制电路和主电路两个部分，其中主电路还包括整流器和逆变器等部件。

（二）变频器种类及用途

变频器的型号有多种，常见的变频器有如下几种（参见图 4 - 2 ～ 图 4 - 5）。

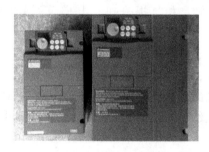

图 4 - 2　三菱变频器

图 4 - 3　ABB 变频器

图 4 - 4　台达变频器

图 4 - 5　西门子变频器

　　三菱变频器是世界知名的变频器之一，由三菱电机株式会社生产，在世界各地的占有率比较高。三菱变频器来到中国已有 20 多年的历史，在国内市场上，三菱变频器因为其稳定的质量和强大的品牌影响而有着相当大的市场，并已广泛应用于各个领域。

　　三菱变频器目前在市场上用量最多的就是 A700 系列和 E700 系列。A700 系列为通用型变频器，适合高启动转矩和高动态响应的场合。而 E700 系列则适合功能要求简单、对动态性能要求较低的场合使用，且价格较有优势。

　　台达变频器是台达自动化的开山之作，也是目前台达自动化销售额最大的产品。在竞争激烈的市场中，台达变频器始终保持着强劲的增长势头，在高端产品市场和经济型产品市场均斩获颇丰。在应用领域，继 OEM 市场取得不可撼动的市场地位之后，2008 年，台达变频器又将目光投向了更广阔的领域——电梯、起重、空调、冶金、电力、石化以及节能减排项目。在参与这些工程项目的过程中，台达变频器团队提供系统解决方案的能力也得以提升。同时，台达又不断推出高端产品，拓展在高端领域的应用，在竞争日趋白热化的变频器市场以实力取胜。

　　ACS600 系列变频器是 ABB 公司采用直接转矩控制（DTC）技术，结合诸多先进的生产制造工艺推出的高性能变频器。它具有很宽的功率范围、优良的速度控制和转矩控制特性、完整的保护功能以及灵活的编程能力。因而，它能够满足绝大多数的工业现场应用。为了满足各种应用对交流传动的不同要求，ACS600 产品家族按应用可分为以下三种专用系列：ACS600（可满足绝大多数应用要求）；ACC600（专用于位势负载），例如起重机、提升机、电梯等；ACP600（专用于对转角、位移做精确控制）。

　　西门子变频器是由德国西门子公司研发、生产、销售的知名品牌变频器，主要用于控制和调节三相交流异步电机的速度，并以其稳定的性能、丰富的组合功能、高性能的矢量控制技术、低速高转矩输出、良好的动态特性、超强的过载能力、创新的 BiCo（内部功能互联）功能以及无可比拟的灵活性，在变频器市场占据着重要的地位。

　　西门子变频器在中国市场的使用最早是在钢铁行业，然而在当时电机调速还是以直流调速为主，变频器的应用还是一个新兴的市场，但随着电子元器件的不断发展以及控制理论的不断成熟，变频调速已逐步取代了直流调速，成为驱动产品的主流，西门子变频器因其强大的品牌效应在巨大的中国市场中取得了超规模的发展，西门子在中国变频器市场的成功发展应该说是西门子品牌与技术的完美结合。

　　（三）三菱 E700 变频器端子接线图

　　三菱 E700 变频器端子接线图如图 4 - 6 所示。

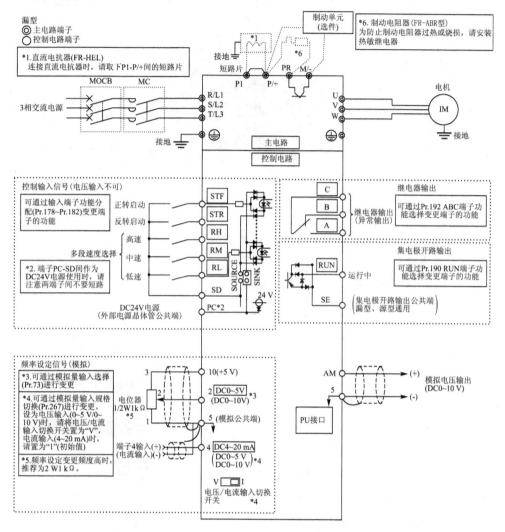

图 4 - 6 　E700 变频器端子接线图

（四）三菱 E700 变频器面板介绍

三菱 E700 变频器面板如图 4 - 7 所示。

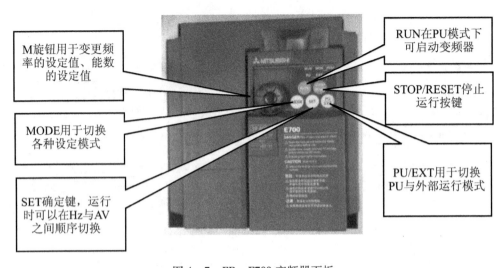

图 4 - 7　FR - E700 变频器面板

（五）三菱 E700 变频器面板操作基本方法

1. 改变参数 P7

三菱 E700 变频器 P7 参数修改步骤如表 4 - 2 所示。

表 4 - 2　三菱 E700 变频器 P7 参数修改步骤

	操 作 步 骤	显 示 结 果
1	按 (PU/EXT) 键，选择 PU 操作模式	PU显示灯亮 0.00 PU
2	按 (MODE) 键，进入参数设定模式	PRM显示灯亮 P. 0 PRM
3	拨动 设定用旋钮，选择参数号码 P7	P. 7
4	按 (SET) 键，读出当前的设定值	3.0
5	拨动 设定用旋钮，把设定值变为 4	4.0
6	按 (SET) 键，完成设定	4.0 P. 7 闪烁

2. 改变参数 P160

三菱 E700 变频器 P160 参数修改步骤如表 4 - 3 所示。

表 4 – 3   三菱 E700 变频器 P160 参数修改步骤

操 作 步 骤		显 示 结 果
1	按(PU/EXT)键，选择 PU 操作模式	PU显示灯亮 `0.00` PU
2	按(MODE)键，进入参数设定模式	PRM显示灯亮 `P. 0` PRM
3	拨动⊙设定用旋钮，选择参数号码 P160	`P.160`
4	按(SET)键，读出当前的设定值	`0`
5	拨动⊙设定用旋钮，把设定值变为 1	`1`
6	按(SET)键，完成设定	`1` `P.160` 闪烁

3. 参数清零

三菱 E700 变频器参数清零步骤如表 4 – 4 所示。

表 4 – 4   三菱 E700 变频器参数清零步骤

操 作 步 骤		显 示 结 果
1	按(PU/EXT)键，选择 PU 操作模式	PU显示灯亮 `0.00` PU
2	按(MODE)键，进入参数设定模式	PRM显示灯亮 `P. 0` PRM
3	拨动⊙设定用旋钮，选择参数号码 ALLC	`ALLC` 参数全部清除
4	按(SET)键，读出当前的设定值	`0`
5	拨动⊙设定用旋钮，把设定值变为 1	`1`
6	按(SET)键，完成设定	`1` `ALLC` 闪烁

＊注：无法显示 ALLC 时，将 P160 设为"1"，无法清零时将 P79 改为 1。

4. 用操作面板设定频率运行

三菱 E700 变频器设定运行频率步骤如表 4-5 所示。

表 4-5　三菱 E700 变频器设定运行频率步骤

	操 作 步 骤	显 示 结 果
1	按 (PU/EXT) 键，选择 PU 操作模式	PU显示灯亮 0.00 PU
2	旋转 ⚙ 设定用旋钮，把频率改为设定值	50.00　闪烁约5s
3	按 (SET) 键，设定频率值	50.00 F ↔　闪烁
4	闪烁 3s 后显示回到 0.0，按 (RUN) 键运行	⬇ 3s后 0.00 → 50.00 Hz
5	按 (STOP/RESET) 键，停止	50.00 → 0.00 Hz

＊注：按下设定按钮，显示设定频率 ⚙ 。

5. 查看输出电流

三菱 E700 变频器查看输出电流步骤如表 4-6 所示。

表 4-6　三菱 E700 变频器查看输出电流步骤

	操 作 步 骤	显 示 结 果
1	按 (MODE) 键，显示输出频率	50.00
2	按住 (SET) 键，显示输出电流	100 A　A 灯亮
3	放开 (SET) 键，回到输出频率显示模式	50.00

四、任务实施与评价

（一）任务实施器材准备清单

陶瓷包装生产线皮带输送机试运行检测控制项目器材如表 4-7 所示。

表 4 - 7　皮带输送机试运行检测控制项目器材表

序　号	符　号	器材名称	单　位	数　量	备　注
1	YL - 235A	光电一体实训台	台	1	
2	变频器模块	E700	台	1	
3	电源模块				

（二）任务实施计划

任务实施计划如图 4 - 8 所示。

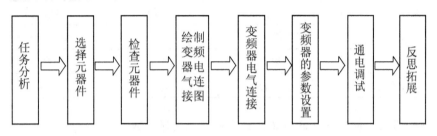

图 4 - 8　任务实施计划

（三）任务分析

大型企业的皮带输送机都是由变频器拖动实现变速的。当皮带输送机的转动频率太低时，皮带难以启动，出现停滞现象。当速度过快时，则易出现抖动现象。为此，需要结合企业实际情况，选择合适的输送频率。

（四）任务实施过程

1. 绘制变频器的电气连接图并依图施工

图 4 - 9 和图 4 - 10 分别为变频器主电路接线图和实物接线图。

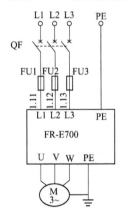

图 4 - 9　变频器主电路接线图

图 4 - 10　变频器实物接线图

工艺要求：

（1）检查电动机；

（2）检查三相电源；

（3）按图接线；

（4）通电检测。

2. 变频器的参数设置

陶瓷包装线传送带的手动调速变频器参数如表4-8所示。

表4-8　陶瓷包装线传送带的手动调速变频器参数表

参数编号	参数名称	设定值	参数内容
Pr79	运行模式	1	PU运行模式
Pr15	点动频率	10	30Hz
Pr16	点动加减速	0	0

参数设置完成后进行联机调试，观察变频器显示数值。

五、思考与练习

填空与简答题

1. 传送带出现抖动打滑的原因是_____。频率设定_____Hz出现打滑现象，频率设定_____Hz出现抖动现象。

2. 在不改变电气线路的情况下可以用变频器_____指令实现传送带检测。

3. 手动方式下，变频器的操作模式Pr79应设置为_____。

4. 说明变频器使用的注意事项。

5. 说明设置JOG指令与操作模式的关系。

实践操作题

利用变频器的手动调速功能，检测传送带能否以70Hz，20Hz，15Hz的频率工作。

六、项目学业评价

1. 请结合变频器手动调速的方法，分享变频器调速的特点。

2. 填写项目评估表（见表4-9）。

表 4-9　陶瓷传送带的动作与维护项目评估表

班级		学号		姓名	
项目名称					
评估项目	评估内容	评估标准	配分	学生自评	学生互评	教师评分
专业能力	知识掌握情况	项目知识掌握效果好	10			
	元件选择	根据题意合理选择元件	10			
	参数设置	参数设置合理	20			
	外部接线及布线工艺	按照原理图正确、规范接线	15			
专业素养	安全文明操作素养	规范使用设备及工具	5			
		设备、仪表、工具摆放合理	5			
方法能力	自主学习能力	预习效果好	5			
	理解、总结能力	能正确理解任务，善于总结	5			
	创新能力	选用新方法、新工艺效果好	10			
社会及个人能力	团队协作能力	积极参与，团结协作，有团队精神	5			
	语言沟通、表达能力	清楚表达观点，展（演）示效果好	5			
	责任心	态度端正，完成项目认真	5			
合　计			100			
教师签名			日期			

任务二　陶瓷包装生产线皮带输送机变速运行控制

一、任务描述

车间正在研发新的瓷砖产品，并计划投入小规模样品加工。设备组主管请小洋对已经完成调试的生产线进行自动化控制设计。具体要求如下：

按下启动按钮 SB5 后，红色警示灯常亮表示陶瓷包装生产线开始空载自动检测运行。依次按照 10Hz，30Hz，45Hz 各 1min 的速度循环运行 5 次，以检测生产线的各段频率特性。5次循环运行后，系统自动停止在待机状态。图4-11为陶瓷包装生产线皮带输送图。

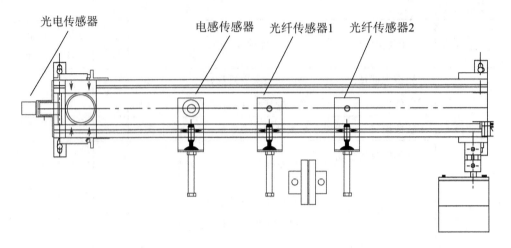

图4-11　陶瓷包装生产线皮带输送图

二、目标与要求

（1）能安装和维护变频器控制的调速电机；
（2）能设置变频器的操作方式和三段速的参数；
（3）能编写单序列步进指令。

三、任务准备

（一）变频调速原理

现代交流调速传动，主要指采用电子式电力变换器对交流电动机的变频调速传动。对于交流异步电动机，调速方法很多，其中以变频调速性能最好。由电机学知识知道，异步电动机同步转速，即旋转磁场转速为

$$n_1 = \frac{60f_1}{p} \qquad (4-1)$$

式中，f_1——供电电源频率；

p——电机极对数。

异步电动机轴转速为

$$n = n_1(1-s) = \frac{60f_1}{p}(1-s) \qquad (4-2)$$

式中，s——异步电动机的转差率；

$$s = \frac{n_1 - n}{n}$$

改变电动机的供电电源频率 f_1，可以改变其同步转速，从而实现调速运行。

（二）U/f 控制

交流电机通过改变供电电源频率，可实现电机调速运行。对电机进行调速控制时，希望电动机的主磁通保持额定值不变。

由电机理论知道，三相交流电机定子每相电动势的有效值为

$$E_1 = 4.44 f_1 N_1 k_{N1} \Phi_m \tag{4-3}$$

式中，E_1——定子每相由气隙磁通感应的电动势的有效值；

　　f_1——定子频率；

　　N_1——定子每相有效匝数；

　　k_{N1}——基波绕组系数；

　　Φ_m——每极磁通量。

由上式知道，电机选定，则 N_1 为常数，Φ_m 由 E_1，f_1 共同决定，对 E_1，f_1 适当控制，可保持 Φ_m 为额定值不变。对此，需考虑基频以下调速和基频以上调速两种情况。

1. 基频以下调速

由式（4-3）可知，保持 E_1/f_1 = 常数，可保持 Φ_m 不变，但实际中 E_1 难于直接检测和控制。当值较高时，定子漏阻抗可忽略不计，认为定子相电压 $U_1 \approx E_1$，保持 U_1/f_1 = 常数即可。当频率较低时，定子漏阻抗压降不能忽略，这时，可人为地适当提高定子电压以补偿定子电阻压降，保持气隙磁通基本不变。

2. 基频以上调速

基频以上调速时，频率可以从 f_{1N} 往上增高，但电压 U_1 不能超过额定电压 U_{1N}，由式（4-3）可知，这将迫使磁通与频率成反比下降，相当于直流电机弱磁升速的情况。

把基频以下和基频以上两种情况结合起来，可得到图 4-12 所示的电机 U/f 控制特性。

由上面的讨论可知，异步电动机的变频调速必须按照一定的规律同时改变其定子电压和频率，即必须通过变频装置获得电压频率均可调节的供电电源，实现所谓的 VVVF（Variable Voltage Variable Frequency）调速控制。

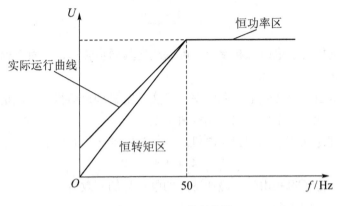

图 4 - 12 *U/f* 控制特性

（三）变频器的多段速运行控制

多段速是用参数将多种运行速度预先设定，转换输入端子来实现。可通过开启关闭外部触点信号 RH，RM，RL，REX 选择各种速度。借助于点动频率（Pr. 15）、上限频率（Pr. 1）和下限频率（Pr. 2），最多可以设定 10 种速度，在外部操作模式或 PU/外部并行模式（Pr. 79 = 3，4）中有效。

1. 多段速参数

变频器多段速参数设置对照表如表 4 - 10 所示。

表 4 - 10　变频器多段速参数设置对照表

参数号 Pr	功　　能	出厂设定	设定范围
1	上限频率	120Hz	0 ~ 120Hz
2	下限频率	0Hz	0 ~ 120Hz
13	启动频率	0. 5Hz	0 ~ 60Hz
4	多段速度设定（高速）	60Hz	0 ~ 400Hz
5	多段速度设定（中速）	30Hz	0 ~ 400Hz
6	多段速度设定（低速）	10Hz	0 ~ 400Hz
24 ~ 27	多段速度设定（4 ~ 7 段速度设定）	9999	0 ~ 400Hz
232 ~ 239	多段速度设定（8 ~ 15 段速度设定）	9999	0 ~ 400Hz

图 4 - 13 所示为变频器多段速对应信号图。

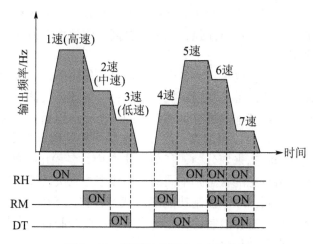

图 4 - 13　变频器多段速对应信号图

2. 参数设定

（1）用相应参数设定运行频率。

（2）在变频器运行期间每种速度（频率）能在 0 ～ 120Hz 范围内被设定。

（3）读出需要修改的多段速度设定值，通过按▲/▼键改变设定值（在此种情况下，松开▲/▼键后，按下 SET 键，存储设定频率当用 FR - PU04（选件）时按 WRITE 键）。

注意：

（1）多段速度比主速度（端子 2 - 5，4 - 5）优先；

（2）在 PU 运行和外部运行中都可以设定多段速度；

（3）3 速设定的场合 2 速以上同时被选择时，低速信号的设定频率优先；

（4）Pr. 24 和 Pr. 27 之间的设定没有优先级；

（5）运行期间可改变参数值；

（6）当用 Pr. 180，Pr. 186 改变端子分配时，其他功能可能受到影响，设定前要检查相应的端子功能。

（四）警示灯工作原理

警示灯是显示设备工作状态的标志。利用警示灯可以显示电源正常、系统通电、设备正常运行、设备故障等工作状态。LTA - 205 型红绿双色闪亮警示灯共有 5 条引出线，其中黑色线与红色线为 DC24V 电源线，棕色线为两灯的公共端，红色线为红色警示灯的控制线，绿色线为绿色警示灯的控制线。

（五）顺序控制梯形图的编程方法

用经验法设计梯形图时，没有一套固定的方法和步骤可以遵循，具有很大的试探性和随意性。对于一个复杂的控制系统，尤其是顺序控制程序，由于内部的联锁、互锁关系极其复杂，采用梯形图往往顾此失彼，而采用顺序控制法设计梯形图就能轻而易举地解决这一问题。利用这种编程方法，很容易编出复杂的顺控程序，且程序流程清晰，规律性强，能大大提高工作效率。另外，这种方法也为调试、运行带来了方便。

顺序控制是按照工艺要求，在各个输入信号的作用下，依据输入信号状态和时间顺序，控制各外部设备自动顺序执行的过程，例如：机械手、数控机床等。

顺序控制法设计最基本的思想是将系统的一个工作周期划分为若干个顺序相连的阶段（步 STEP），可以用编程元件（例如顺序控制继电器 S）来代表各步。步是根据输出信号的状态来划分的，任何一步之内，各输出量的状态保持不变，但是相邻两步的输出量总的状态是不同的。用顺序控制法设计梯形图时，首先根据系统的工艺过程，画出顺序控制功能图（状态转移图 SFC），然后根据顺序控制功能图画出梯形图，这样绘制的梯形图也叫做步进控制程序。步进控制一般分为单流程、选择分支和并行分支三种。

1. 状态继电器元件 S

状态继电器元件 S 是步进控制程序的重要软元件。状态继电器 S 的编号与主要功能如表 4-11 所示。

表 4-11　状态继电器的编号与主要功能

序号	分　类	编　号	使　用　说　明
1	步进初始状态	S0 ~ S9	步进指令初始状态
2	回原点状态	S10 ~ S19	系统回复原点位置的状态
3	通用状态	S20 ~ S499	实现顺序控制的各步状态
4	断电保持状态	S500 ~ S899	具有断电保持功能的各步状态
5	外部故障诊断	S900 ~ S999	进行外部故障诊断的状态

2. 步进 STL 指令的编程方法

步进梯形图指令（step ladder instruction，简称 STL 指令）是 FX 系列 PLC 专为顺序控制而设计的指令，还有一条使 STL 复位的 RET 指令。利用这两条指令可以很方便地绘制顺序控制梯形图程序。

STL 和 RET 指令只有与状态器 S 配合才具有步进功能。如 STL S200 表示状态常开触点，称为 STL 触点，它在梯形图中的符号为⊢，它没有常闭触点。我们用每个状态器 S 记录一个工步，例如 STL S200 有效（ON），则进入 S200 表示的一步（活动步），开始执行本阶段该做的工作，并判断进入下一步的条件是否满足。一旦结束，本步信号为 ON，则关断 S200 进入下一步，如 S201 步。RET指令是用来复位 STL 指令的。执行 RET 后将重回母线，退出步进状态。

3. 单序列步进指令的应用

单流程结构 SFC 由顺序排列、依次有效的状态序列组成，每个状态的后面只跟一个转移条件，每个转移条件后面也是只连一个状态。

例：用顺序功能图编程方法编写一个深孔钻进给系统控制程序，控制要求如下：

①按下启动按钮 1QA（X10）后首先快进；

②碰上行程开关 LK1（X11）后转为工进，同时启动钻头驱动电机（Y0）；

③碰上 LK2（X12）后，后退；

④碰上 LK1（X11）后快进；

⑤碰上 LK2（X12）后再次工进；

⑥碰上 LK3（X13）后，后退；

⑦碰上 LK1（X11）后关闭钻头驱动电机（Y0）；然后延时 2s 停止后退。

如图 4-14 所示为深孔钻进给系统的状态转移图与梯形图。

4. 顺序控制编程的注意事项

（1）与 STL 触点相连的触点应使用 LD 或 LDI 指令，即 LD 点移到 STL 触点的右侧，直到出现下一条 STL 指令或出现 RET 指令，RET 指令使 LD 点返回左侧母线。各个 STL 触点驱动的电路一般放在一起，最后一个电路结束时一定要使用 RET 指令。

（2）STL 触点可以直接驱动或通过别的触点驱动 Y，M，S，T 等元件的线圈，STL 触点也可以使 Y，M，S 等元件置位或复位。

（3）STL 触点断开时，CPU 不执行它驱动的电路块，即 CPU 只执行活动步对应的程序。在没有并行序列时，任何时候只有一个活动步，因此大大缩短了扫描周期。

（4）由于 CPU 只执行活动步对应的电路块，使用 STL 指令时允许双线圈输出，即同一元件的几个线圈可以分别被不同的 STL 触点驱动。实际上在一个扫描周期内，同一元件的几条 OUT 指令中只有一条被执行。

（5）STL 指令只能用于状态寄存器，在没有并行序列时，一个状态寄存器的 STL 触点在梯形图中只能出现一次。

（6）STL 触点驱动的电路块中不能使用 MC 和 MCR 指令，但是可以使用 CJP 和 EJP 指令。当执行 CJP 指令跳入某一 STL 触点驱动的电路块时，不管该 STL 触点是否为 "1" 状态，均执行对应的 EJP 指令之后的电路。

（7）与普通的辅助继电器一样，可以对状态寄存器使用 LD，LDI，AND，ANI，OR，ORI，SET，RST，OUT 等指令，这时状态器触点的画法与普通触点的画法相同。

（8）使状态器置位的指令如果不在 STL 触点驱动的电路块内，执行置位指令时系统程序不会自动将前级步对应的状态器复位。

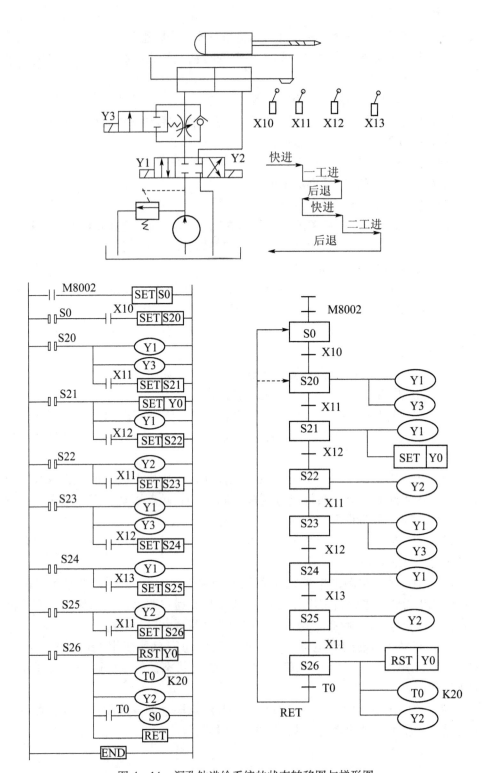

图 4 – 14　深孔钻进给系统的状态转移图与梯形图

四、任务实施

（一）任务实施计划

任务实施计划如图 4-15 所示。

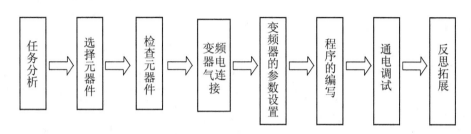

图 4-15　任务实施计划

（二）任务分析

1. 功能分析

按下 SB5—正转低速 10Hz 60s—正转中速 35Hz 60s—正转高速 40Hz 60s，循环 5 次后停止。

2. 外围元件分配分析

外围元件的 I/O 分配如表 4-12 所示。

表 4-12　I/O 分配表

输入端（I）		输出端（O）	
外接控制元件	输入端子	外接执行元件	输出端子
检测启动按钮 SB5	X0	电动机正转	Y20
顺序动作按钮 SB6	X1	电动机高速	Y21
停止按钮 SB4	X2	电动机中速	Y22
		电动机低速	Y23
		绿色警示灯 HL1	Y0
		红色警示灯 HL2	Y1

（三）任务实施过程

1. 绘制电气控制原理图，并按图安装电路

电气控制原理图如图 4-16 所示。

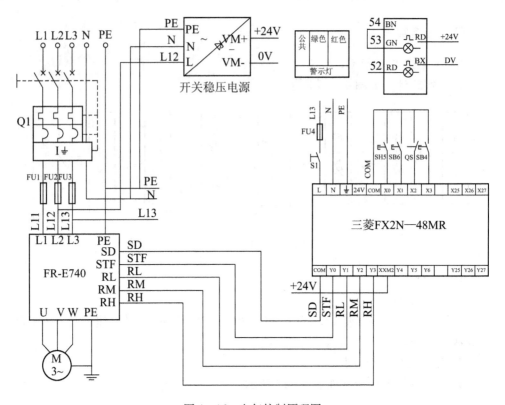

图4－16 电气控制原理图

工艺要求：

（1）检查电动机；

（2）检查三相电源；

（3）按图接线；

（4）通电检测。

2. 对选择的变频器进行参数设置

变频器参数的设置如表4－13所示。

表4－13 变频器参数设置一览表

参数号Pr	功　能	出厂设定	设定范围	设定值
1	上限频率	120Hz	0～120Hz	50Hz
2	下限频率	0Hz	0～120Hz	0Hz
13	启动频率	0.5Hz	0～60Hz	0.5Hz
4	多段速度设定（高速）	45Hz	0～400Hz	10Hz
5	多段速度设定（中速）	35Hz	0～400Hz	3Hz

续表

参数号 Pr	功　能	出厂设定	设定范围	设定值
6	多段速度设定（低速）	10Hz	0～400Hz	45Hz
24～27	多段速度设定（4～7段速度设定）	9999	0～400Hz	
232～239	多段速度设定（8～15段速度设定）	9999	0～400Hz	

参数设置的步骤：

设置下列参数：基本参数 Pr.7 = 0.1s；Pr.8 = 0.1s；Pr.79 = 3。

速度参数：Pr.4 = 10Hz，Pr.5 = 35Hz，Pr.6 = 45Hz。

3. 程序的编写

参考程序如图 4 – 17 所示。

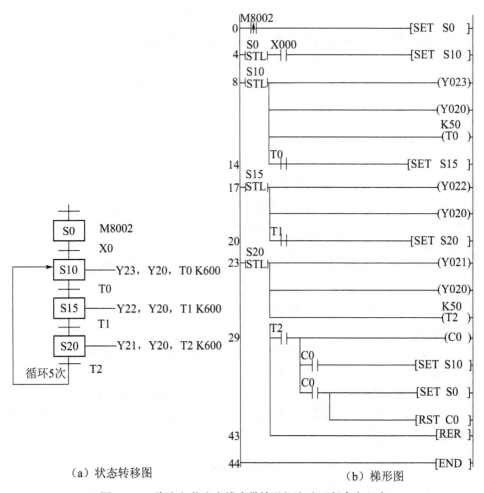

（a）状态转移图　　　　　　　　　　　（b）梯形图

图 4 – 17　陶瓷包装生产线皮带输送机变速运行参考程序

五、思考与练习

填空题

1. 变频器操作模式的选择应选用参数＿＿＿＿＿＿。设定值为 1 表示＿＿＿＿＿＿。

2. 一般来说，伺服系统的基本组成为＿＿＿＿＿、＿＿＿＿＿、＿＿＿＿＿和＿＿＿＿＿四大部分。

3. 在 SPWM 变频调速系统中，通常载波是＿＿＿＿＿，而调制波是＿＿＿＿＿。

4. 变频器产生谐波干扰分为＿＿＿＿＿、＿＿＿＿＿、＿＿＿＿＿。

5. 变频调速所用的 VVVF 型变频器具有＿＿＿＿＿＿＿＿＿＿＿＿功能。

6. 变频调速系统一般可分为＿＿＿＿＿类。

7. 变频调速系统一般由整流单元＿＿＿＿＿组成。

8. 变频调速系统在基频下一般采用＿＿＿＿＿控制方式。

9. 变频调速中变频器的作用是将交流供电电源变成＿＿＿＿＿、＿＿＿＿＿的电源。

10. 变频调速中交 – 直 – 交变频器一般由＿＿＿＿＿组成。

11. 变频器所采用的制动方式一般有能耗制动、回馈制动、＿＿＿＿＿、＿＿＿＿＿等几种。

12. 变频器所允许的过载电流以＿＿＿＿＿＿＿＿＿＿来表示。

13. 三菱 PLC 编程软件中的 STL 指令是＿＿＿＿＿指令，它可使编程者生成流程和工作与顺序功能图相接近的程序。

14. 状态继电器 S 是用于编制顺序控制程序的＿＿＿＿＿＿＿。在使用应用指令 ANS 时，＿＿＿＿＿＿＿可以用作＿＿＿＿＿＿＿。

15. 使 STL 复位的指令是＿＿＿＿＿＿＿。

16. S0 ～ S9 常被用做＿＿＿＿＿＿＿，S10 ～ S19 常被用作＿＿＿＿＿＿＿。

17. STL 指令具有＿＿＿＿＿功能，只有当前状态为＿＿＿＿＿时，该状态才能被激活动作。

18. 系统的初始步状态应放在顺序功能梯形图的最上方，可用＿＿＿＿＿＿＿来驱动，为后续的转换做好准备。

19. STL 指令在运行中＿＿＿＿＿（可/不可）出现双线圈问题。

20. 最后一句 STL 指令结束时一定要使用＿＿＿＿＿＿＿指令，否则会出现问题。

实践操作题

请完成广东省中级维修电工考证电动机调速部分。具体控制要求：

按下启动按钮后，电动机按照图 4 - 18 所示运行。

工作方式设置：手动时，按下手动启动按钮 SB4，完成一次工作过程。自动时，按下自动按钮 SB5，能重复完成循环工作过程。有必要的电气保护环节。

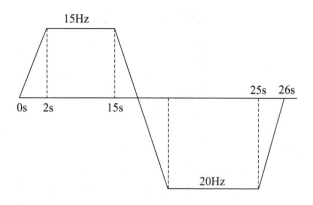

图 4 - 18　电动机变速时序控制图

六、项目学业评价

1. 请结合变频器工作原理，分享生产线自动控制的方法。
2. 填写项目评估表（表 4 - 14）。

表 4 - 14　陶瓷包装生产线皮带输送机变速运行控制评估表

班级		学号		姓名	
项目名称					

评估项目	评估内容	评估标准	配分	学生自评	学生互评	教师评分
专业能力	变频器参数设置	变频器参数设置合理	10			
	变频器接线安装	变频器安装接线符合要求	5			
	梯形图程序编辑	能利用步进指令编程	10			
	程序检查与运行	能利用梯形图程序	15			
		程序检查功能的正确使用	5			
		程序的正确传送	5			
		程序的运行	5			
		程序的监控/测试	5			

续表

评估项目	评估内容	评估标准	配分	学生自评	学生互评	教师评分
专业素养	安全文明操作素养	规范使用设备及工具	5			
		设备、仪表、工具摆放合理	5			
方法能力	自主学习能力	预习效果好	5			
	理解、总结能力	能正确理解任务，善于总结	5			
	创新能力	积极进行项目拓展，效果好	5			
社会及个人能力	团队协作能力	积极参与，团结协作，有团队精神	5			
	语言沟通表达能力	清楚表达观点，展（演）示效果好	5			
	责任心	态度端正，完成项目认真	5			
合　计			100			
教师签名			日　期			

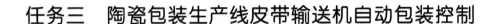

任务三　陶瓷包装生产线皮带输送机自动包装控制

一、任务描述

车间研发新的瓷砖产品通过质量检测和业界测评，企业计划大规模加工。设备组主管请小洋对试运行生产线进行全自动包装控制设计，以提高生产效率。具体要求如下：

（1）系统启动。按下启动按钮 SB5 后，陶瓷包装生产线上的工作警示绿灯闪亮，表示设备开始工作。

（2）正常工作。当皮带传送机进料口的光电传感器检测到工件后，启动变频器，驱动皮带传送机的交流异步电动机，以高速 30Hz 带动皮带运转传送瓷砖。

若瓷砖为残破件（以金属元件代替），则送达位置 1 处等待废品处理，皮带输送机停止，10s 后，系统再次运行。

若完成加工的是瑕疵件（以白色塑料元件代替），则送达位置 2 等待次品处理，皮带输送机停止，10s 后，系统再次运行。

若完成加工的为合格瓷砖（以黑色塑料元件代替），则送达位置 3 等待人工包装，皮带输送机停止，10s 后，系统再次运行。

（3）正常停止。完成正常工作后，按下停止按钮 SB6，系统完成当前的瓷片包装后，皮带输送机停止，红色警示灯亮起，绿色警示灯熄灭。直到按下启动按钮 SB5 后，系统才能重新开始运行。

二、目标与要求

（1）能按照控制要求安装变频器和调速电动机；
（2）能设置变频器的操作方式和多段速的参数；
（3）能利用步进指令编写选择分支的程序。

三、任务实施准备

（一）接近传感器定义

接近传感器是代替限位开关等接触式检测方式，以无需接触检测对象进行检测为目的的传感器的总称。它能将检测对象的移动信息和存在信息转换为电气信号。在转换为电气信号的检测方式中，包括利用电磁感应引起的检测对象的金属体中产生的涡电流的方式、捕捉检测体因传感器接近引起的电气信号的容量变化的方式、利用磁石和引导开关的方式。

在传感器中也能以非接触方式检测到物体的接近和附近检测对象有无的产品总称为"接近开关"，有感应型、静电容量型、超声波型、光电型、磁力型等。将检测金属存在的感应型接近传感器、检测金属及非金属物体存在的静电容量型接近传感器、利用磁力产生的直流磁场的开关定义为"接近传感器"。

（二）感应型接近传感器的检测原理

通过外部磁场影响，检测在导体表面产生的涡电流引起的磁性损耗。在检测线圈内使其产生交流磁场，并对检测体的金属体产生的涡电流引起的阻抗变化进行检测。一般检测金属等导体。此外，作为另外一种方式，还包括检测频率相位成分的铝检测传感器和通过工作线圈仅检测阻抗变化成分的全金属传感器。

（三）接近传感器工作原理

1. 电感式接近传感器工作原理

在检测体一侧和传感器一侧的表面上，发生变压器的状态。变压器的结合状况将通过涡电流损耗而置换为阻抗的变化。阻抗的变化，可以视作串联插入检测体一侧的电阻值的变化（与实际状态有所差异，但易于定性分解）。电感式接近传感

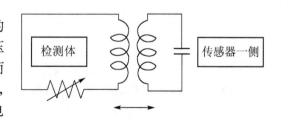

图 4 – 19　电感式接近传感器原理图

器原理如图 4 - 19 所示。

2. 静电容量型接近传感器的工作原理

对检测体与传感器间产生的静电容量变化进行检测，容量根据检测体的大小和距离而变化。一般的静电容量型接近传感器，是对像电容器一样平行配置的 2 块平行板的容量进行检测的图像传感器。平行板单侧作为被测定物（处于想象接地状态），而另一侧作为传感器检测面。对这两极间形成的静电容量变化进行检测可检测物体根据检测对象的感应率不同而有所变化，不仅可以检测金属，也能对树脂、水等进行检测。电容式接近传感器原理如图 4 - 20 所示。

图 4 - 20　电容式接近传感器原理图　　　　图 4 - 21　磁力式接近传感器原理图

3. 磁力式接近传感器的工作原理

用磁石使开关的导片动作，通过将引导开关置于"ON"，使开关打开。如图 4 - 21 所示。

（四）传感器的分类

传感器的分类如表 4 - 15 所示。

表 4 - 15　传感器分类

分类法	传感器的种类	说　明
按依据的效应分类	物理传感器	基于物理效应（光、电、声、磁、热）
	化学传感器	基于化学效应（吸附、选择性化学分析）
	生物传感器	基于生物效应（酶、抗体、激素等分子识别和选择功能）
按输入量分类	位移传感器、速度传感器、温度传感器、压力传感器、气体成分传感器、浓度传感器	传感器以被测量的物理量名称命名

分类法	传感器的种类	说　明
按工作原理分类	应变传感器、电容传感器、电感传感器、电磁传感器、压电传感器、热电传感器	传感器以工作原理命名
按输出信号分类	模拟式传感器	输出模拟量
	数字式传感器	输出数字量
按能量关系分类	能量转换型传感器	直接将被测量的能量转换为输出的能量
	能量控制型传感器	由外部供给传感器能量，而由被测量的能量控制输出量的能量
按是利用场的定律还是利用物质的定律分类	结构型传感器	通过敏感元件几何结构参数变化实现信息转换
	物性型传感器	通过敏感元件材料物理性质的变化实现信息转换
按是否依靠外加能源分类	有源传感器	传感器需外加电源
	无源传感器	传感器工作时无需外加电源
按使用的敏感材料分类	半导体传感器、光纤传感器、陶瓷传感器、金属传感器、高分子材料传感器、复合材料传感器	传感器以使用的敏感材料命名

（五）传感器的符号

传感器的符号及说明如表 4 - 16 所示。

表 4 - 16　传感器的符号一览表

引用标准及符号	图形符号	说　明
GB/T4728. 7—2000 07 - 19 - 01		接近传感器
GB/T4728. 7—2000 07 - 19 - 02 GB/T4728. 7—2000 07 - 19 - 03		接近传感器器件方框符号。操作方法可以标示出来。 示例：固体材料接近时改变电容的接近检测器

续表

引用标准及符号	图形符号	说　明
GB/T4728.7—2000 07 – 19 – 04		接触传感器
GB/T4728.7—2000 07 – 20 – 01		接触敏感开关动合触点
GB/T4728.7—2000 07 – 20 – 02	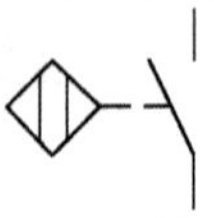	接近开关动合触点
GB/T4728.7—2000 07 – 20 – 03	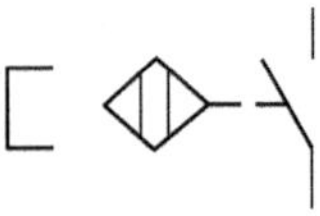	磁铁接近动作的接近开关动合触点
GB/T4728.7—2000 07 – 20 – 04	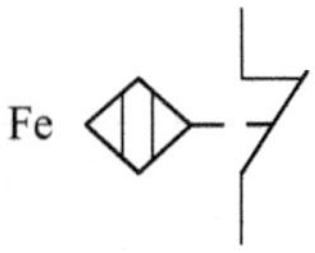 Fe	磁铁接近动作的接近开关动断触点
※	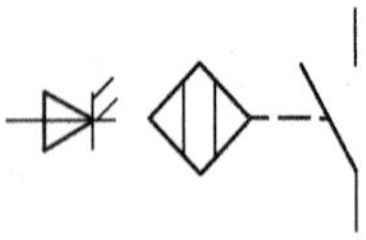	光电开关动合触点（光纤传感器借用此符号，组委会指定）

（六）传感器的使用

1. 传感器的电路连接

传感器的输出方式不同，电路连接也有些差异，但输出方式相同的传感器的电路连接方式相同。YL – 235A 型光机电一体化实训装置使用的传感器有直流两线制和直流三线制两种。其中光电传感器、电感传感器、光纤传感器均为直流三线制传感器，磁性传感器为直流两线制传感器。下面主要介绍 YL – 235A 型光机电一体化实训装置中传感器的电路连接方式。

直流三线制传感器有棕色、蓝色、黑色三根连接线，其中棕色线接直流电源正极，蓝色线接直流电源负极，黑色线为信号线，接 PLC 输入端。直流两线制传感器有蓝色和棕色两根连接线，其中蓝色线连直流电源负极，棕色线为信号线，接 PLC 输入端。具体的电路连接方式如图 4 – 22 所示。

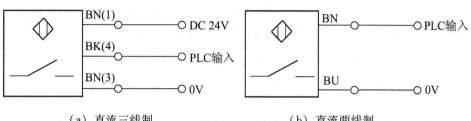

（a）直流三线制　　　　　　　　（b）直流两线制

图4-22　传感器的电路连接图

2. 使用传感器的注意事项

（1）传感器不宜安装在阳光直射、高温、可能会结霜、有腐蚀性气体等场所。

（2）连接导线不要和电力线使用同一配线管或配线槽，若传感器的连接导线与动力线在同一配线管内，则应使用屏蔽线。

（3）连接导线不能过细，长度不能太长。

（4）接通电源后要等待一定时间才能进行检测。

（七）选择序列的编程方法

选择序列也叫做选择分支，是根据顺序功能图的状态转移条件，从多个分支流程中选择某一分支执行。如图4-23所示选择序列分支点结构中，当步 S20 是活动步时，如果转换条件 X0 满足，将转换到步 S21；如果转换条件 X1 满足，将转换到步 S22；如果转换条件 X2 满足，将转换到步 S23。如图4-24所示选择序列汇合点结构中，无论是步 S21 是活动步条件 X0 满足，或者步 S22 为活动步转换条件 X1 满足，或者步 S23 是活动步转换条件 X2 满足，都将使步 S20 变成活动步。其实在设计的过程中，没有必要特别留意选择序列的合并，只要正确地确定每一步的转换条件和转换目标，就能实现选择序列的合并。

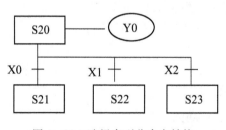

图4-23　选择序列分支点结构

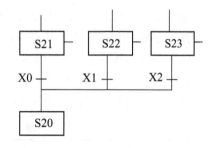

图4-24　选择序列汇合点结构

四、任务实施

（一）任务器材准备清单

任务器材的准备见表4-17。

表4-17　皮带输送机试运行检测控制器材清单

序号	符　号	器材名称	单位	数量	备　注
1	YL-235A	光机电一体实训台	台	1	
2	E700	变频器模块	台	1	
3		电源模块	套	1	
4	SB	按钮模块	套	2	
5	JG-3D-30NK	物料传感器	个	1	
6	E251714	电感传感器	个	1	
7	E3X-NA11	光纤传感器	个	2	
8	LTA-205W	多层红绿警示灯	个	1	

（二）任务实施计划

陶瓷包装生产线皮带输送机自动包装控制的任务实施计划如图4-25所示。

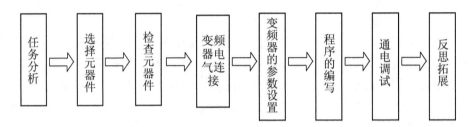

图4-25　任务实施计划

（三）任务分析

1. 功能分析

按下SB5→低速10Hz→中速35Hz正转→高速40Hz正转。

按下SB6→中速正转至B点→高速正转至D点→蜂鸣器响。

按下SB4→蜂鸣器停止→皮带停止。

2. 外围元件分配分析

外围元件的I/O分配如表4-18所示。

表4-18　I/O分配表

输入端（I）		输出端（O）	
外接控制元件	输入端子	外接执行元件	输出端子
检测启动按钮SB5	X0	电动机正转	Y20
停止按钮SB6	X1	电动机高速	Y21

外接控制元件	输入端子	外接执行元件	输出端子
入料口	X2	电动机中速	Y22
位置1	X3	电动机低速	Y23
位置2	X4	绿警示灯 HL2	Y0
位置3	X5	红警示灯 HL1	Y1

（四）任务实施过程

1. 绘制变频器的电气连接图并依图施工（参见图4-26）

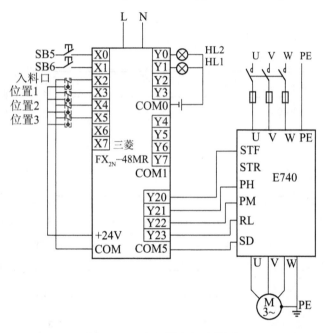

图4-26　变频器电气连接图

2. 变频器参数的设置

参照表4-19，选择变频器参数的设置。

表4-19　变频器参数设置一览表

参数号 Pr	功　能	出厂设定	设定范围
1	上限频率	120Hz	
2	下限频率	0Hz	
13	启动频率	0.5Hz	

续表

参数号 Pr	功　能	出厂设定	设定范围
79	操作模式	1	
4	多段速度设定（高速）	60Hz	
5	多段速度设定（中速）	30Hz	
6	多段速度设定（低速）	10Hz	
24～27	多段速度设定（4～7 段速度设定）	9999	
232～239	多段速度设定（8～15 段速度设定）	9999	

3. 程序的编写

参考程序如图 4 – 27 所示。

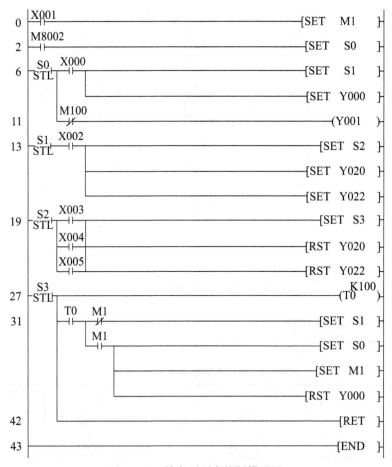

图 4 – 27　单序列顺序控制梯形图

五、思考与练习

实践操作题

请以 2 人为一组完成陶瓷包装生产线皮带输送机多产品分类包装的控制。

具体要求如下：

系统启动：按下启动按钮 SB5 后，陶瓷包装生产线上的工作警示绿灯闪亮，表示设备开始工作。

正常工作：当皮带传送机进料口的光电传感器检测到工件后，启动变频器，驱动皮带传送机的交流异步电机，以高速 30Hz 带动皮带运转传送瓷砖。

若是"青花瓷"瓷砖（以金属元件代替），则将该工件送达位置 1 停留 2s 后，人工入仓准备打包，当检测到有 4 个工件入仓时，HL1 灯亮表示开始包装。

若是"象牙白"瓷砖（以白色塑料元件代替），则送达位置 2 等待 3s 后，人工入仓准备打包，当检测到有 3 个工件入仓时，HL2 灯亮表示开始包装。

若是"琥珀玉"瓷砖（以黑色塑料元件代替），则送达位置 3 等待 4s 后，人工入仓准备打包，当检测到有 2 个工件入仓时，HL3 灯亮表示开始包装。

包装要求：包装期间（10s），红色警示灯闪亮，表示不允许放入瓷砖。传动带以 15Hz 的速度低速运行，包装完成后，系统进入正常工作状态。

正常停止：完成正常工作后，按下停止按钮 SB6，系统完成当前的瓷片包装后，皮带输送机停止，红色警示灯亮起，绿色警示灯熄灭。直到按下启动按钮 SB5 后，系统才能重新开始运行。

紧急停止：若在包装过程中，出现任何问题，按下紧急停止按钮 QS，系统立刻停止，蜂鸣器报警，提示出现故障。当问题解决后，松开 QS，只有重新启动系统，生产线才能重新开始工作。

六、项目学业评价

1. 请结合传感器的工作原理，分享生产线自动控制的体会。
2. 填写项目评估表（参见表 4 - 20）。

表4-20 陶瓷包装生产线皮带输送机自动包装控制评估表

班级		学号		姓名			
项目名称							
评估项目	评估内容	评估标准		配分	学生自评	学生互评	教师评分
专业能力	变频器参数设置	变频器参数设置合理		10			
	变频器接线安装	变频器安装接线符合要求		5			
	梯形图程序编辑	能利用步进指令编程		10			
		能利用梯形图程序		15			
	程序检查与运行	程序检查功能的正确使用		5			
		程序的正确传送		5			
		程序的运行		5			
		程序的监控/测试		5			
专业素养	安全文明操作素养	规范使用设备及工具		5			
		设备、仪表、工具摆放合理		5			
方法能力	自主学习能力	预习效果好		5			
	理解、总结能力	能正确理解任务,善于总结		5			
	创新能力	积极进行项目拓展,效果好		5			
社会及个人能力	团队协作能力	积极参与,团结协作,有团队精神		5			
	语言沟通表达能力	清楚表达观点,展(演)示效果好		5			
	责任心	态度端正,完成项目认真		5			
合 计				100			
教师签名				日 期			

程序的编写(由学生自行完成)。

学习情境五　陶瓷一体化加工生产线人机界面的安装与维护

课程名称：PLC 原理与应用	适用专业：机电一体化专业
学习情境名称：陶瓷一体化加工生产人机界面的安装与维护	建议学时：16 学时

一、学习情境描述

本学习情境创设企业自动化控制生产线分拣设备的实际项目。项目内容包含 4 个工作任务，采用步科 MT5000，MT4000 系列人机界面控制系统对陶瓷自动化生产线进行控制和监视，对人机界面的图形按钮进行组态。

本学习情境的主要内容涵盖了知识、技能、职业能力三大方面。其中知识内容主要涉及步科 MT5000 和 MT4000 系列触摸屏与三菱 FX 系列 PLC 网络通信模块连接、步科 MT5000 和 MT4000 系列触摸屏项目的组态、通信组态、画面组态、用户管理组态以及报警窗口等。技能方面则涉及利用 Flash 动画制作软件对用户画面进行优化，更加形象生动地反映生产现场。职业能力方面则要求学生在重复的工作过程中养成良好的工作习惯，在不同工作任务的实施过程中自主建构符合自身认知规律的专业技能知识，突出学生学习的主动性和主体地位。

二、能力培养要点

能力培养要点如表 5 - 1 所示。

表 5 - 1　能力培养要点一览表

序号	技能与学习水平		知识与学习水平	
	技能点	学习水平	知识点	学习水平
1	能用触摸屏和 PLC 进行通信连接	能正确组态网络连接并进行网络测试	触摸屏多画面制作组态	能制作多画面监控系统
2	能利用触摸屏对生产线进行初始化设置	能在触摸屏上对按钮开关进行组态	利用触摸屏按钮制作初始化界面	能通过触摸屏显示

续表

序号	技能与学习水平		知识与学习水平	
	技能点	学习水平	知识点	学习水平
3	能通过触摸屏控制生产线当前运行状态	能结合任务书的要求，联机调试设备是否满足控制要求	利用触摸屏组态对不同用户设置权限	能在触摸屏上分别以管理员和操作员的身份进行登录

陶瓷一体化生产线分拣设备自动化控制工作任务书

一、陶瓷一体化生产线分拣设备描述

生产线生产金属圆柱形和塑料圆柱形两种元件，该生产线分拣设备的任务是将金属元件、白色塑料元件和黑色塑料元件进行加工和分拣。设备各部件名称及位置如图5-1所示，设备PLC输入/输出端子如表5-2所示。

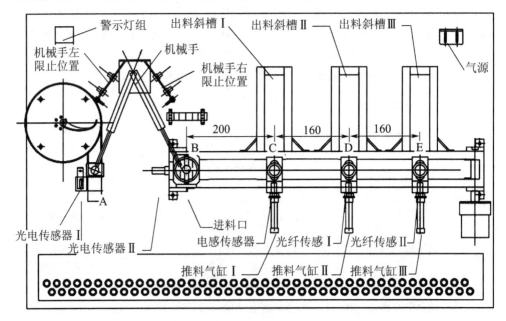

图5-1　陶瓷一体化生产线分拣设备各部件的名称及位置组装图

表 5 - 2　PLC 输入输出端子（I/O）分配表

输入端子	功能说明	输出端子	功能说明
X0		Y0	传送带（变频器）正转 STF
X1	SB6 原点复位	Y1	传送带（变频器）反转 STR
X2		Y2	传送带高速（40Hz）RL
X3		Y3	传送带低速（25Hz）RH
X4	SA1（左）调试/生产模式	Y4	启动警示灯（绿色）
X5		Y5	打包警示灯（红色）
X6	C 位置物料检测	Y6	
X7	D 位置物料检测	Y7	
X10	E 位置物料检测	Y10	物料盘电机
X11	B 位置进料口物料检测	Y11	指示灯 HL1（黄）
X12	A 位置物料检测	Y12	指示灯 HL3（红）
X13	手臂旋转左限位	Y13	手爪抓紧
X14	手臂旋转右限位	Y14	手爪松开
X15	手臂伸出限位	Y15	手臂左转
X16	手臂缩回限位	Y16	手臂右转
X17	手爪提升限位	Y17	手臂伸出
X20	手爪下降限位	Y20	手臂缩回
X21	气动手爪已抓紧到位	Y21	手臂上升
X22	Ⅰ推料杆伸出限位	Y22	手臂下降
X23	Ⅰ推料杆缩回限位	Y23	Ⅰ推料杆伸出（单电控）
X24	Ⅱ推料杆伸出限位	Y24	Ⅱ推料杆伸出（单电控）
X25	Ⅱ推料杆缩回限位	Y25	Ⅲ推料杆伸出（单电控）
X26	Ⅲ推料杆伸出限位	Y26	
X27	Ⅲ推料杆缩回限位	Y27	

二、陶瓷一体化生产线分拣设备控制任务总述

陶瓷一体化生产线分拣设备有"调试"和"生产"两种模式，由其按钮模块上的转换开关 SA1 选择。当 SA1 在右挡位时，选择的模式为"生产"；当 SA1 在左挡位时，选择的模式为"调试"。

（一）设备初始位置

工件处理设备上电后，绿色警示灯闪烁，指示系统电源正常，同时触摸屏进入首页界面，如图 5-2 所示。

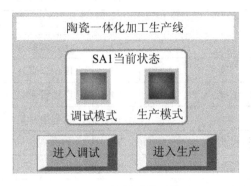

图 5-2　触摸屏首页界面

将 PLC 拨到运行状态，若系统不处于初始状态，则按钮模块上的指示灯 HL3 按 2Hz 频率闪烁；若处于初始状态，则指示灯 HL3 熄灭。

工件处理设备的初始状态如图 5-3 所示。机械手的悬臂靠在左限止位置，悬臂和手臂气缸的活塞杆缩回，手指张开，推料气缸的活塞杆缩回。物料盘的直流电动机、传送带的三相电动机不转动。若上电时有某个部件不处于初始状态，手动按 SB6 按钮进行复位。

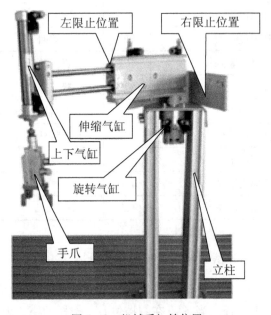

图 5-3　机械手初始位置

（二）设备的系统调试

当 SA1 旋钮在左挡位时，触摸屏首页画面上的"调试模式"指示灯亮，按下画面上的〈进入调试〉按钮，可以进入调试模式画面，如图 5 - 4 所示。

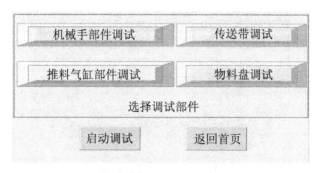

图 5 - 4　调试模式画面

进入调试模式画面后，可以对分拣设备各部件进行调试工作。此时指示灯 HL3 按亮 1s 灭 2s 频率闪烁，指示设备处于调试状态。当调试停止时，可选择其中一个部件进行调试，被选中的部件闪烁。一个部件在调试运行期间，按下另一个调试部件无效，只有完成当前部件调试后，才能选择下一个调试部件。选择好调试部件后，按下画面中的〈启动调试〉按钮开始调试，运行一个周期后自动停止，被选部件按钮停止闪烁。如果需要再次调试，需重新选择调试部件，按下〈启动调试〉重新调试。各调试部件及动作要求如表 5 - 3 所示。只有系统在停止状态，按下〈返回首页〉按钮才有效。

表 5 - 3　调试部件及动作要求

调试部件	工 作 方 式
机械手部件	手臂伸出→手爪下降→手爪抓紧→手爪上升→手臂缩回→手臂右转→手臂伸出→手爪下降→手爪放松→手爪上升→手臂缩回→手臂左转→停止
物料盘	转动 3s→停止 1s→转动 2s→停止
推料杆	Ⅰ、Ⅱ、Ⅲ推料杆依次完成伸出、缩回动作一次后停止
传送带	正转 25Hz，2s→40Hz，2s→停止，2s→反转 25Hz，2s→40Hz，2s→停止

（三）设备的生产运行

1. 生产启动

当 SA1 旋钮在右挡位时，触摸屏首页画面上的"生产模式"指示灯亮，按下画面上的〈进入生产〉按钮，系统处于生产模式，指示灯 HL3 按 1Hz 的频率闪亮，触摸屏进入生产模式，画面如图 5-5 所示。只有系统在停止状态时，按下"返回首页"按钮才有效。

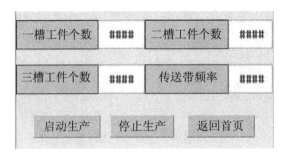

图 5-5　生产模式画面

2. 送料

在初始位置正确的情况下，按下触摸屏〈启动生产〉按钮，系统启动生产，当供料架无工件时，供料盘应立刻转动，直至 A 位置供料架的光电传感器检测到工件才停止。当供料架的光电传感器检测到工件后，机械手悬臂伸出→气爪下降到元件位置→气爪夹紧零件（夹紧 1s）→气爪夹持零件上升到位→机械手悬臂缩回→机械手悬臂向右旋转到位→机械手悬臂伸出，对准元件进口（B 点位置）→气爪夹持零件下降到极限位置→气爪松开元件，将元件从元件进口（B 点位置）放在皮带输送机上→气爪上升到位→机械手悬臂缩回→机械手悬臂向左旋转到位后停止待命。

当皮带输送机零件进口位置 B 的传感器识别有元件后，三相交流异步电动机以 25Hz 的频率启动，将元件向右输送。

3. 加工与分拣

传送带将元件输送到位置 E，停止模拟加工 2s，然后完成以下分拣任务：

若完成加工的是金属元件，则送达位置 C，由位置 C 的气缸活塞杆伸出，将金属元件推进出料斜槽 I，然后气缸活塞杆自动缩回复位。

若完成加工的是白色塑料元件，则送达位置 D，由位置 D 的气缸活塞杆伸出，将白色塑料推进出料斜槽 II，然后气缸活塞杆自动缩回复位。

若是黑色塑料元件，为不合格件，则由位置 E 的气缸活塞杆伸出，将黑色塑料元件推进出料斜槽 III，然后气缸活塞杆自动缩回复位。

4. 打包

合格件每种元件有 5 个时需停止生产进行手动打包，打包期间红色警示灯闪亮，3s 后打包完成，警示灯灭。按下〈启动生产〉按钮，设备可重新生产运行。

5. 报警

废料报警：当连续出现三个不合格件，指示灯 HL1 长亮报警。可按〈启动生产〉重新启动。

6. 正常停止

按下触摸屏〈停止生产〉按钮时，应将当前元件处理送到规定位置并使相应的部件复位后，设备才能停止。设备在重新启动之前，人工将出料斜槽和处理盘中的元件拿走。

7. 触摸屏显示及记录数据要求

显示当前传送带电动机的运行频率；显示并记录各斜槽的入料个数。

（四）设备的意外情况

本次工作任务仅考虑突然断电意外情况的处理。

发生突然断电的意外，系统所有部件保持在当前状态，各斜槽数据保留，恢复供电后，系统继续进行，当前工件作为不合格品处理（推入斜槽Ⅲ）。

三、陶瓷一体化生产线分拣设备器材准备

陶瓷一体化生产线分拣设备器材准备如表 5 - 4 所示。

表 5 - 4　陶瓷一体化生产线分拣设备器材准备

序号	符　号	器材名称	单　位	数　量	备注
1	YL - 235A	光机电一体实训台	台	1	
2	机械手部件	气动机械手 1	部	1	
3	传送带部件	皮带传送机	套	1	
4	物料转盘部件	供料平台	套	1	
5	按钮模块	按钮指示灯	套	1	
6	变频器模块	FR700	台	1	
7	触摸屏模块	步科 MT5000，MT4000 系列	台	1	
8	PLC 模块	三菱 FX_{2N}	台	1	
9	电源模块		台	1	

四、任务实施计划

（一）任务实施计划

陶瓷一体化生产线分拣设备自动化控制实施计划如图 5 - 6 所示。

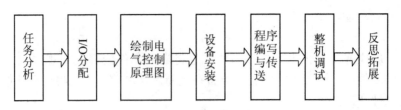

图5-6   任务实施计划

（二）陶瓷一体化生产线分拣设备电气控制原理图

陶瓷一体化生产线分拣设备电气控制原理图如图5-7所示。

（三）陶瓷生产线气动控制原理图

陶瓷一体化生产线分拣设备接线布置图如图5-8所示。

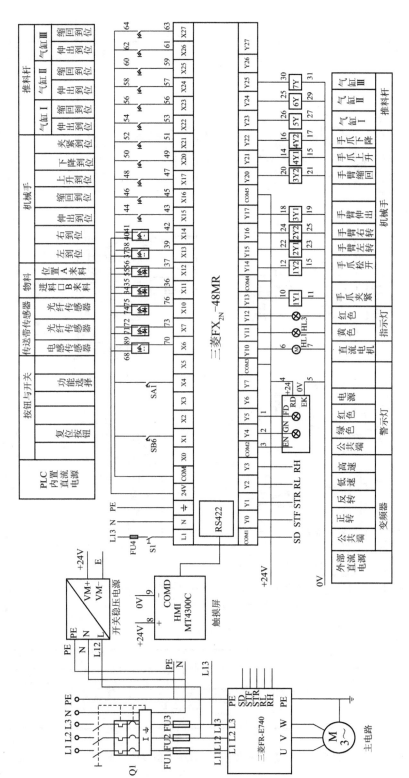

图5-7 陶瓷一体化生产线分拣设备电气控制原理图

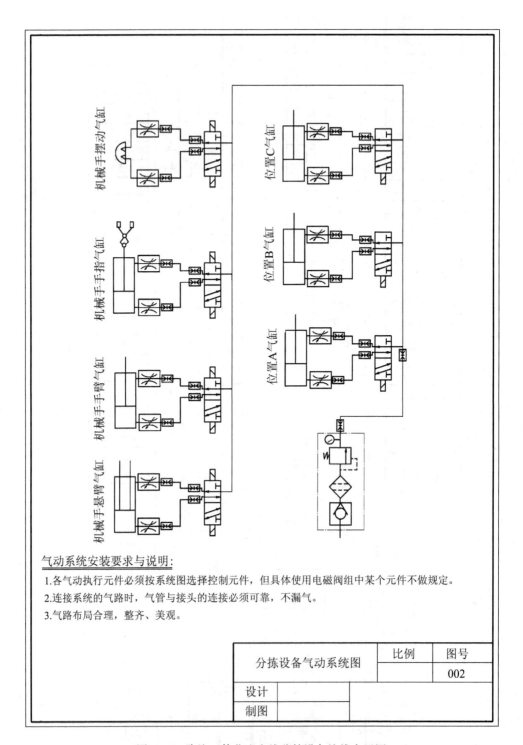

气动系统安装要求与说明：

1.各气动执行元件必须按系统图选择控制元件，但具体使用电磁阀组中某个元件不做规定。

2.连接系统的气路时，气管与接头的连接必须可靠，不漏气。

3.气路布局合理，整齐、美观。

分拣设备气动系统图	比例	图号
		002
设计		
制图		

图 5-8　陶瓷一体化生产线分拣设备接线布置图

任务一　陶瓷一体化加工生产线初始化界面的设计

一、任务描述

设备初始位置是指设备上电后运行前，所有零部件所处的位置。陶瓷一体化加工生产线的初始化位置要求如下：

（1）工件处理设备上电后，绿色警示灯闪烁，指示系统电源正常，同时触摸屏进入首页界面，如图 5 - 2 所示。

（2）工件处理设备的初始状态如图 5 - 3 所示：机械手的悬臂靠在左限止位置，悬臂和手臂气缸的活塞杆缩回，手指张开，推料气缸的活塞杆缩回。物料盘的直流电动机、传送带的三相电动机不转动。若上电时有某个部件不处于初始状态，手动按 SB6 按钮进行复位。

（3）PLC 拨到运行状态，若系统不处于初始状态，则按钮模块上的指示灯 HL3 按 2Hz 频率闪烁；若处于初始状态，则指示灯 HL3 熄灭。

二、目标与要求

（1）能利用步科 MT5000，MT4000 系列触摸屏软件建立工程；
（2）能利用步科 MT5000，MT4000 系列触摸屏软件进行设备组态；
（3）能在触摸屏上组态不同权限的用户；
（4）能完成陶瓷加工生产线的安装与调试。

三、任务准备

（一）触摸屏

触摸屏（Touch Screen）又称为"触控屏""触控面板"，是一种可接收触头等输入信号的感应式液晶显示装置，当接触屏幕上的图形按钮时，屏幕上的触觉反馈系统可根据预先编程的程式驱动各种连接装置，用以取代机械式的按钮面板，并借由液晶显示画面制造出生动的影音效果。触摸屏作为一种最新的电脑输入设备，它是目前最简单、方便、自然的一种人机交互方式，它赋予了多媒体以崭新的面貌，是极富吸引力的全新多媒体交互设备。

（二）触摸屏参数

本系统采用步科 MT5000，MT4000 系列的触摸屏，它是一套以嵌入式低功耗 CPU 为核心（主频 400 MHz）的高性能嵌入式一体化触摸屏。该产品设计采用了 7 英寸高亮度 TFT 液晶显示屏（分辨率 800×480），四线电阻式触摸屏（分辨

率 1024×1024），同时还预装了微软嵌入式实时多任务操作系统 WinCE. NET
（中文版）和步科 MT5000，MT4000 系列嵌入式组态软件（运行版）。

（三）触摸屏与 PLC 的连接

1. 步科 MT5000，MT4000 系列与三菱 PLC 的编程接口

步科 MT5000，MT4000 系列与三菱 PLC 的编程接口如图 5－9 所示。

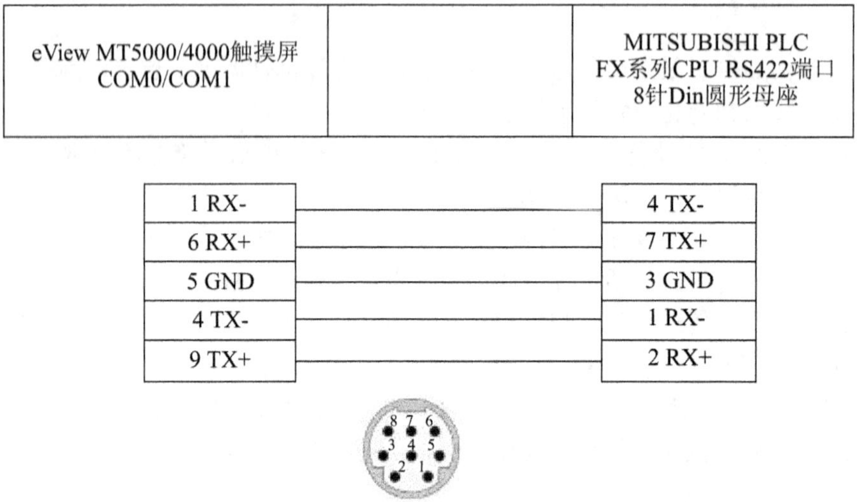

eView MT5000/4000触摸屏 COM0/COM1		MITSUBISHI PLC FX系列CPU RS422端口 8针Din圆形母座
1 RX-		4 TX-
6 RX+		7 TX+
5 GND		3 GND
4 TX-		1 RX-
9 TX+		2 RX+

图 5－9 8 针 DIN 圆形母座 MT5000 与三菱 PLC 的编程接口图

2. 触摸屏与三菱 PLC 的 485 通信连接

（1）步科 MT5000，MT4000 系列与三菱 485BD 的接线参见图 5－10。

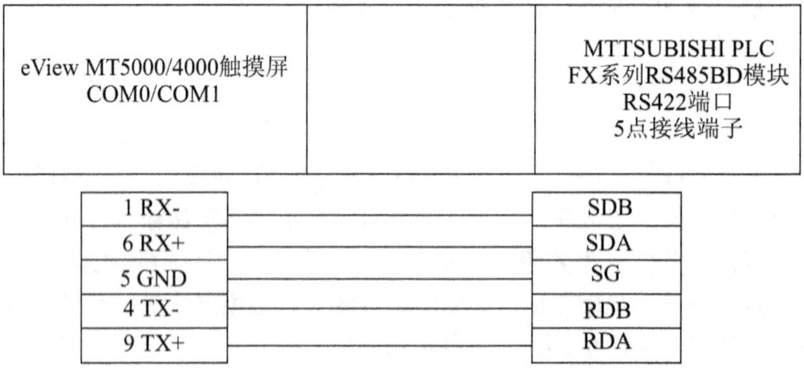

eView MT5000/4000触摸屏 COM0/COM1		MTTSUBISHI PLC FX系列RS485BD模块 RS422端口 5点接线端子
1 RX-		SDB
6 RX+		SDA
5 GND		SG
4 TX-		RDB
9 TX+		RDA

图 5－10 8 针 DIN 圆形母座 MT5000 与三菱 PLC485D 的编程接线图

（2）EV5000 软件通信设置。EV5000 软件常用通信参数如表 5－5 所示。

表 5 - 5　EV5000 软件常用通信参数表

参数项	推荐设置	可选设置	注意事项
PLC 类型	MITSUBISHI FX$_2$n	MITSUBISHI FX$_2$n	采用不同的 PLC 时，应选择对应的 PLC 类型
通信口类型	COM0/COM1	RS232/RS485	
数据位	7	7 or 8	必须与 PLC 通信口设定相同
停止位	1	1 or 2	必须与 PLC 通信口设定相同
波特率	9 600	9 600/19 200/38 400/57 600/115 200	必须与 PLC 通信口设定相同
校验	偶校验	偶校验/奇校验/无	必须与 PLC 通信口设定相同
PLC 站号	0	0 ～ 255	必须与 PLC 通信口设定相同

注意：MITSUBISHI FX$_2$n 仅适用于 FX$_2$n 系列 PLC，MITSUBISHI FX$_0$n/FX$_2$ 适用于/ FX$_0$n/FX$_1$n/FX$_2$ 等型号，MITSUBISHI FX$_0$n/FX$_2$ COM 仅适用于与通过通信扩展 BD 连接的情况，且仅当采用通信模块连接时支持站号，其他情况则不需要设定 PLC 站号。

3. 可操作地址设置

EV5000 软件可操作地址设置如表 5 - 6 所示。

表 5 - 6　EV5000 软件可操作地址设置

PLC 地址类型	可操作范围	格式	说　明
X	0 ～ 377	000	外部输入节点
Y	0 ～ 377	000	外部输出节点
M	0 ～ 7 999	DDDD	内部辅助节点
SM	8 000 ～ 9 999	DDDD	特殊辅助节点
T - bit	0 ～ 255	DDD	定时器节点
C - bit	0 ～ 255	DDD	计数器节点
T_ word	0 ～ 255	DDD	定时器缓冲器

续表

PLC 地址类型	可操作范围	格式	说明
C_word	0 ～ 255	DDD	计数器缓冲器
C_dword	200 ～ 255	DDD	计数器缓冲器（双字 32 位）
D	0 ～ 7 999	DDDD	数据寄存器
SD	8 000 ～ 9 999	DDDD	特殊数据寄存器

四、任务实施

（一）工程建立

安装好 EV5000 软件后，在［开始］—［程序］—［Stepservo］—［EV5000］下找到相应的可执行程序点击。如图 5 - 11 所示。

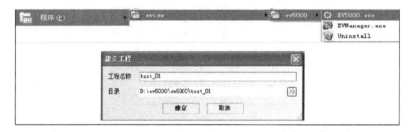

图 5 - 11 进入 EV5000 软件执行程序

（二）添加设备连接并设置网络参数

选择所需的通信连接方式（MT5000 支持串口、以太网连接），点击元件库窗口里的"通讯连接"，选中所需的连接方式，拖入工程结构窗口中即可。如图 5 - 12 所示。

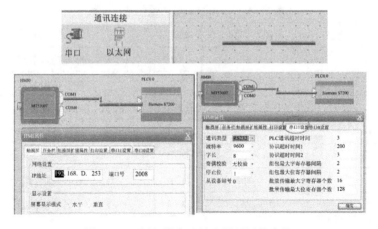

图 5 - 12 添加设备连接和设置网络参数

（三）新建主界面

（1）选择触摸屏右击，选择编辑组态，显示如图5-13所示界面。

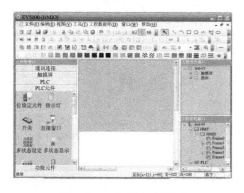

图5-13　编辑组态界面

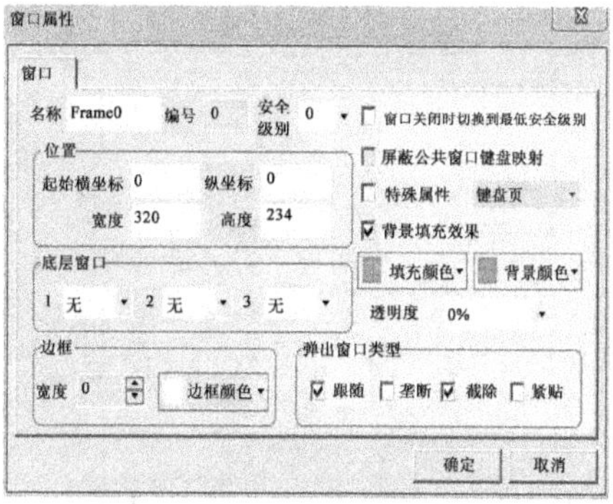

图5-14　背景［窗口属性］框

（2）双击背景，弹出背景［窗口属性］对话框如图5-14所示，修改属性。

（3）点击矩形按钮，弹出［图形属性］对话框如图5-15所示，修改属性。

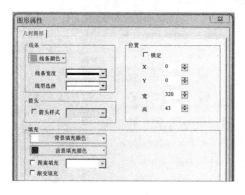

图5-15　［图形属性］对话框

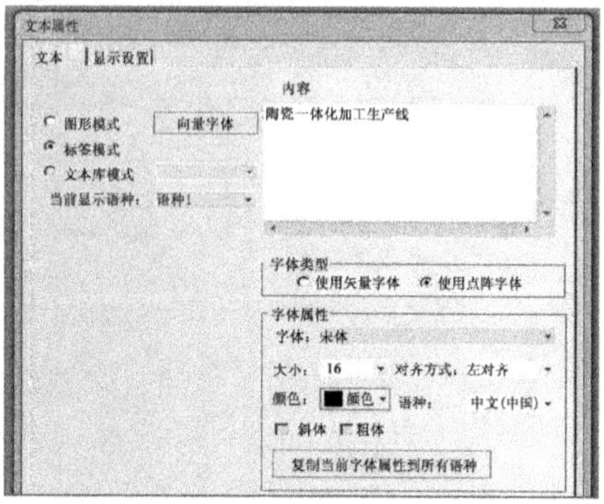

图5-16　［文本属性］对话框

（4）点击文字按钮，弹出［文本属性］对话框，如图5-16所示，修改属性。

（5）点击圆角矩形按钮，弹出如图5-15所示［图形属性］对话框，修改属性。

（6）点击文字按钮，弹出如图5-16所示［文本属性］对话框，并修改。

（7）拖动位状态指示灯到页面，弹出［位状态指示灯元件属性］对话框，如图5-17所示，并修改。

图 5 - 17　位状态指示灯元件属性框

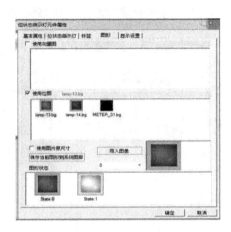

图 5 - 18　选择导入图像

（8）点击图形选项，选择〈导入图像〉按钮，弹出如图 5 - 18 所示窗口。

（9）双击位图然后选择灯，选择你所需的位图，如图 5 - 19 所示。

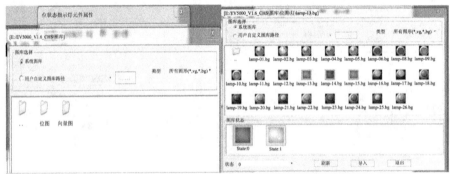

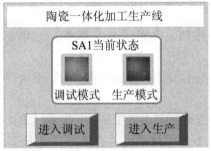

图 5 - 19　编辑主界面

（四）系统联机调试

选择菜单［工具］—［离线模拟］，或者点击工具条上的"离线模拟"图标，如图5-20所示，然后下载试运行。

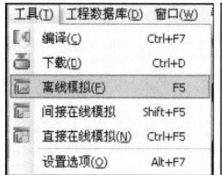

图5-20　系统联机调试

五、思考与练习

选择与填空题

1. TPC7062KX 型嵌入式一体化触摸屏采用哪种方式供电？（　　）

　　A. AC220V　300mA　　　　　　　B. AC110V　150mA

　　C. DC24V　300mA　　　　　　　 D. DC12V　150mA

2. 步科 MT5000，MT4000 系列中有几种数据对象类型？（　　）

　　A. 2种　　　　B. 3种　　　　C. 4种　　　　D. 5种

3. 在步科 MT5000，MT4000 系列中可对 PLC 的输入寄存器进行什么操作？
（　　）

　　　A. 只读　　　B. 只写　　　C. 读写都可以　　D. 读写都不可以

4. 步科 MT5000，MT4000 系列中动画组态窗口的工具箱中插入元件工具打开的是哪种对象类型？（　　）

　　　A. 用户窗口　　B. 图形对象　　C. 背景位图　　　D. 运行策略

5. 步科 MT5000，MT4000 系列在动画组态上用_____型数据对象显示日期，用_____型数据对象显示时间。

6. 步科 MT5000，MT4000 系列用户应用系统，其结构的五大部分是_____
____。

7. 步科 MT5000，MT4000 系列的中文全称是_____。

8. 字符型数据对象字符串最长可达_____。

9. 步科 MT5000，MT4000 系列与三菱 FX 系统 PLC 通过串口方式通信时，在设备组态中应选择_____。

实践操作题

请设计陶瓷一体化加工生产线触摸屏系统主界面。具体设计要求为：

1. 显示文本，包括以下字符："陶瓷一体化加工生产线主界面，姓名"。

2. 制作登录对话框，分别设置"用户登录""用户注销""用户退出"按钮。

六、项目学业评价

1. 请对本任务的知识、技能、方法及项目实施情况等方面进行总结。

2. 请总结交流项目任务的控制过程，并分享学习体会。

3. 填写任务评估表（见表5-7）。

表5-7 陶瓷一体化加工生产线主界面的设计任务评估表

班级			学号		姓名	
项目名称						

评估项目	评估内容	评估标准	配分	学生自评	学生互评	教师评分
专业能力	知识掌握情况	项目知识掌握效果好	10			
	组态画面	能正确添加连接	5			
		能进行画面设计	10			
		能组态不同权限用户	10			
	联机调试与运行	能正确进行联机调试	10			
		文件正确下载	5			
		下载测试正确	5			
专业素养	安全文明操作素养	规范使用设备及工具	5			
		设备、仪表、工具摆放合理	5			
方法能力	自主学习能力	预习效果好	5			
	理解、总结能力	能正确理解任务，善于总结	5			
	创新能力	选用新方法、新工艺效果好	10			

续表

评估项目	评估内容	评估标准	配分	学生自评	学生互评	教师评分
社会及个人能力	团队协作能力	积极参与，团结协作，有团队精神	5			
	语言沟通表达能力	清楚表达观点，展（演）示效果好	5			
	责任心	态度端正，完成项目认真	5			
合　计			100			
教师签名			日　期			

任务二　陶瓷一体化加工生产线调试界面的设计

一、任务描述

设备系统调试的触摸屏设计，具体控制要求如下：

当 SA1 旋钮在左挡位时，触摸屏首页画面上的"调试模式"指示灯亮，按下画面上的〈进入调试〉按钮，可以进入调试模式，画面如图 5-21 所示。

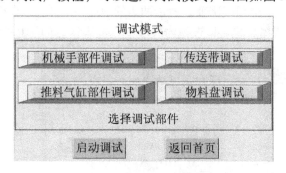

图 5-21　陶瓷一体化加工生产线调试模式画面

进入调试模式画面后，可以对分拣设备各部件进行调试工作。此时指示灯 HL3 按亮 1s 灭 2s 频率闪烁，指示设备处于调试状态。当调试停止时，可选择其中一个部件进行调试，被选中的部件闪烁。一个部件在调试运行期间，按下另一个调试部件无效，只有完成当前部件调试后，才能选择下一个调试部件。选择好调试部件后，按下画面中的〈启动调试〉按钮开始调试，运行一个周期后自动停止，被选部件按钮停止闪烁。如果需要再次调试，需重新选择调试部件，按下〈启动调试〉重新调试。各调试部件要求如表 5－3 所示。只有系统在停止状态时，按下〈返回首页〉按钮才有效。

二、目标与要求

（1）能利用步科 MT5000，MT4000 系列触摸屏软件建立多画面工程；

（2）能利用步科 MT5000，MT4000 系列触摸屏软件进行元件添加并设置相关属性；

（3）能调用步科 MT5000，MT4000 系列触摸屏软件元件库进行界面设计；

（4）能完成陶瓷一体化生产线调试与运行。

三、任务准备

（一）添加元件

（1）从 PLC 元件工具箱把元件图标拖放到窗口中；

（2）在该元件的属性对话框，设置元件的各种属性，比如 PLC 输入/输出地址、向量图形或位图、标签、位置等；

（3）设置好元件的各种属性后，关掉该对话框就可以看到元件已经放置在屏幕上了，如图 5－22 所示。如果需要的话，可以通过位置页属性来调整元件大小，或者把它拖放到理想的位置。

（二）PLC 的输入/输出地址

正确的地址类型和地址范围因 PLC 的不同而有所不同。图 5－23 中，PLC 0 是MODBUS，而 PLC 1 是 SIEMENS，所以两边的地址不一样。PLC 栏中可以显示所有可以选用的 PLC 设备，也可以选择内部节点。内部节点说明如表 5－8 所示。

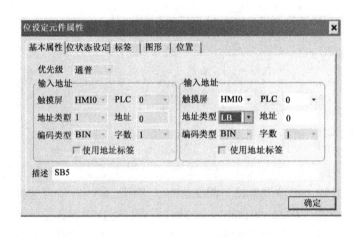

图 5－22　添加元件

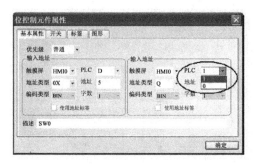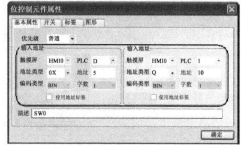

图 5 - 23 PLC 的输入/输出地址

表 5 - 8 PLC 内部节点说明

类　型	设备名称	范　围	说　明
位（Bit）	LB	0 ～ 9 999	Local 记忆体的地址
位（Bit）	RBI	0. 0 ～ 261 000. F	配方记忆体的索引地址，格式：X. Y
位（Bit）	RB	0. 0 ～ 261 000. F	h = 0 ～ F，配方记忆体的绝对地址
字（Word）	LW	0 ～ 10 256	Local 记忆体的地址
字（Word）	RWI	0 ～ 261 000	配方记忆体的索引地址
字（Word）	RW	0 ～ 261 000	配方记忆体的绝对地址

　　RB 和 RW 指向的是相同的区域，比如 RB5. 0 ～ RB5. F 和 RW5 映射的都是同一个区域，RB5. 0 就是 RW5 的 Bit 0。但是 LB 和 LW 映射的则是不同的区域，它们在记忆体中指向的地址是不同的。

　　LB 中的 LB9000 ～ LB9999 和 LW 中的 LW9000 ～ LW10256 的记忆体地址是系统内部保留使用的，都有特殊的用途，用户不能像使用一般的设备那样使用，而必须根据相关手册来使用它们的特殊功能。

　　当配方记忆体被索引地址访问时，索引地址在 LW9000 所显示的地址的偏移量的地址开始查找。比如：如果（LW9000）= 50，那么索引地址 RWI100 将访问 RW150（100 + 50）的地址的数据。

四、任务实施

（一）新建画面

点击文本，绘制文本，如图 5 - 24 所示。

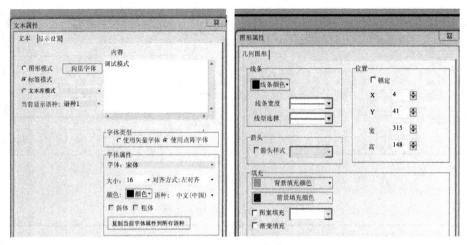

图 5 - 24　调试模式

（二）添加元件

（1）点击圆角矩形，绘制按钮，如图 5 - 25 所示。

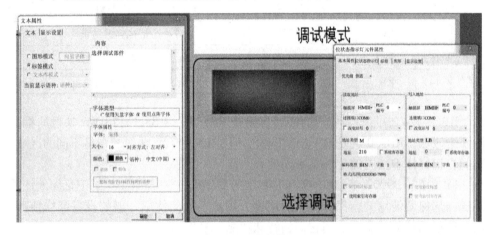

图 5 - 25　绘制按钮

（2）拖动状态指示灯到页面，绘制状态显示指示灯，如图 5 - 26 所示。

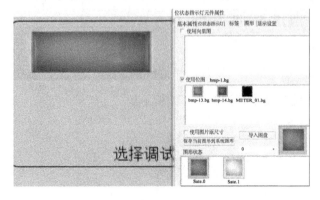

图 5 - 26　绘制状态显示指示灯

（3）拖动状态切换开关到页面，绘制转换开关，如图 5-27 所示。

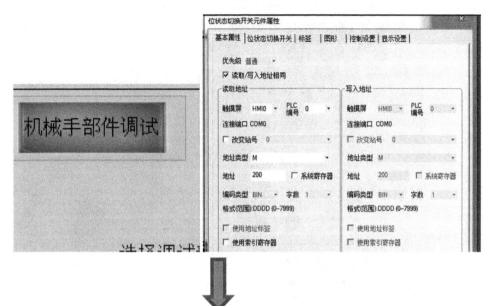

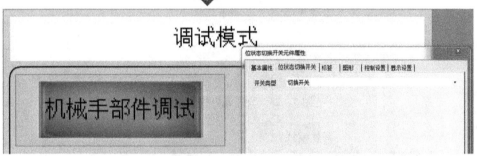

图 5-27　拖动状态切换开关至页面绘制转换开关

（三）设置元件相关属性

设置元件相关属性的方法如图 5-28 所示。

选择阵列部件，添加所有元件并布局，如图 5-29 所示。然后下载并试运行。

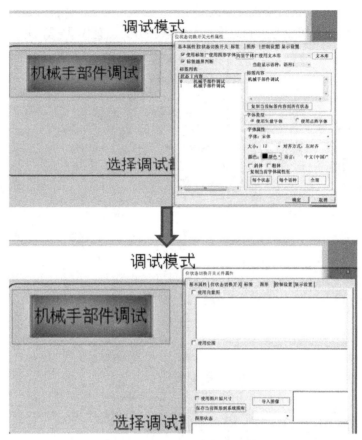

图 5 - 28　设置元件相关属性

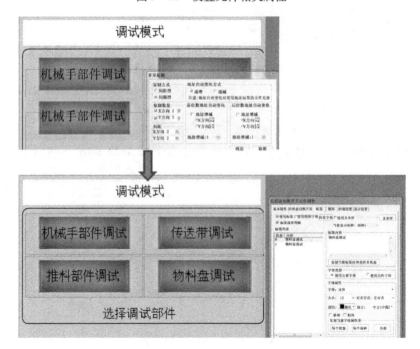

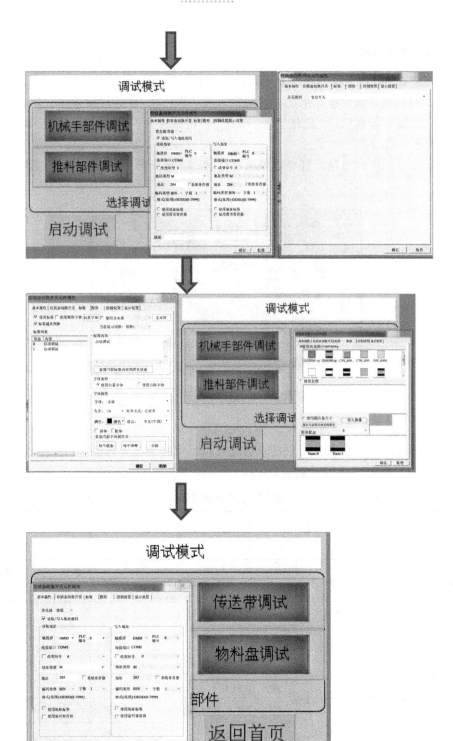

图 5 - 29 　选择阵列部件，添加所有元件并布局

五、思考与练习

××工件处理设备触摸屏系统调试界面的设计要求为：

1. 对调试界面设置显示文本，包括以下字符："工件处理设备调试界面"。

2. 设置"输送机""机械手""料盘""返回首页"画面切换按钮，可以切换不同显示画面。

3. 添加元件状态显示灯可以显示运行状态，包括频率、气缸等，如图 5 – 30 所示。

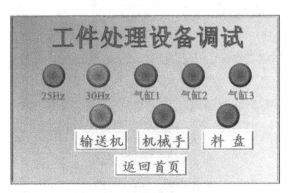

图 5 – 30   触摸屏调试界面

六、项目学业评价

1. 请对本任务的知识、技能、方法及项目实施情况等方面进行总结。

2. 填写任务评估表（见表 5 – 9）。

表 5 – 9   陶瓷一体化加工生产线调试界面的设计任务评估表

班级		学号		姓名			
项目名称							
评估项目	评估内容	评估标准		配分	学生自评	学生互评	教师评分
专业能力	知识掌握情况	项目知识掌握效果好		10			
	组态画面	能正确添加元件		5			
		能进行元件属性设置		10			
		能对相关元件连接变量		10			
	联机调试与运行	能正确进行联机调试		10			
		文件正确下载		5			
		下载测试正确		5			

续表

评估项目	评估内容	评估标准	配分	学生自评	学生互评	教师评分
专业素养	安全文明操作素养	规范使用设备及工具	5			
		设备、仪表、工具摆放合理	5			
方法能力	自主学习能力	预习效果好	5			
	理解、总结能力	能正确理解任务，善于总结	5			
	创新能力	选用新方法、新工艺效果好	10			
社会及个人能力	团队协作能力	积极参与，团结协作，有团队精神	5			
	语言沟通表达能力	清楚表达观点，展（演）示效果好	5			
	责任心	态度端正，完成项目认真	5			
合　　计			100			
教师签名			日　期			

任务三　陶瓷一体化加工生产线加工界面的设计

一、任务描述

陶瓷一体化加工生产线设备生产运行界面的设计，其具体控制要求如下：

（1）生产启动

当 SA1 旋钮在右挡位时，触摸屏首页画面上的"生产模式"指示灯亮，按下画面上的〈进入生产〉按钮，系统处于生产模式，指示灯 HL3 按 1Hz 的频率闪亮，触摸屏进入"生产模式"。只有系统在停止状态，按下〈返回首页〉时按钮才有效。

（2）送料

在初始位置正确的情况下，按下触摸屏〈启动生产〉按钮，系统启动生产，当供料架无工件时，供料盘应立刻转动，直至 A 位置供料架的光电传感器检测到工件才停止。当供料架的光电传感器检测到工件后，机械手悬臂伸出→气爪下降到元件位置→气爪夹紧零件（夹紧 1s）→气爪夹持零件上升到位→机械手悬臂缩回→机械手悬臂向右旋转到位→机械手悬臂伸出，对准元件进口（B 点位

置）→气爪夹持零件下降到极限位置→气爪松开元件，将元件从元件进口（B
点位置）放在皮带输送机上→气爪上升到位→机械手悬臂缩回→机械手悬臂向
左旋转到位停止待命。

当皮带输送机零件进口位置 B 的传感器识别有元件后，三相交流异步电动
机以 25Hz 的频率启动，将元件向右输送。

（3）报警

废料报警：当连续出现三个不合格件，指示灯 HL1 长亮报警。可按〈启动
生产〉重新启动。

（4）正常停止

按下触摸屏〈停止生产〉按钮时，应将当前元件处理送到规定位置并使相
应的部件复位后，设备才能停止。设备在重新启动之前，人工将出料斜槽和处理
盘中的元件拿走。

（5）触摸屏显示及记录数据要求

①显示当前传送带电机的运行频率；

②显示并记录各出料斜槽的入料个数。

二、目标与要求

（1）能利用步科 MT5000，MT4000 系列触摸屏软件建立多画面工程；

（2）能利用步科 MT5000，MT4000 系列触摸屏软件进行元件添加并设置相
关属性；

（3）能调用步科 MT5000，MT4000 系列触摸屏软件元件库进行界面设计；

（4）能完成陶瓷一体化生产线运行。

三、任务准备

（一）触摸屏画面添加元件

（1）在［窗口工具条］中点击"添加组态窗口"按钮可以创建一个新窗
口，如图 5 - 31 所示。

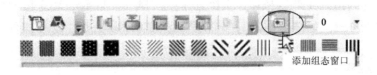

图 5 - 31　添加组态窗口

（2）进入组态窗口，如图 5 - 32 所示。

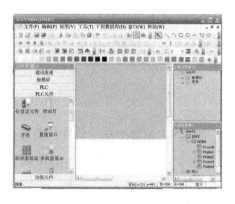

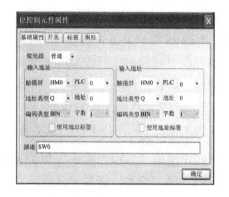

图 5-32　进入组态窗口

图 5-33　设置位控制元件的
输入/输出地址

（3）在左边的 PLC 元件窗口里，轻轻点击图标，将其拖入组态窗口中，这时将弹出位控制元件［基本属性］对话框，设置位控制元件的输入/输出地址，如图 5-33 所示。

（4）元件参数的设置。

切换到［开关］页，设定开关类型，这里设定为切换开关，如图 5-34 所示。

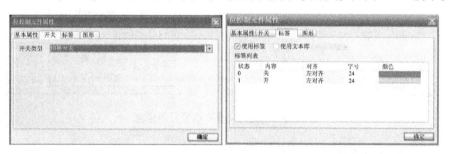

图 5-34　添加元件

切换到［标签］页，选中［使用标签］，分别在［内容］里输入状态 0、状态 1 相应的标签，并选择标签的颜色（可以修改标签的对齐方式、字号、颜色）。切换到［图形］页，选中［使用向量图］复选框，选择一个您想要的图形，这里选择了如图 5-35 所示的开关。

（二）使用 PLC 元件库添加报警显示

要显示在报警显示元件上的信息，

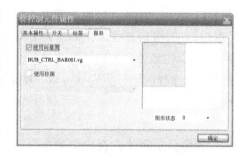

图 5-35　元件参数的设置

必须在报警信息登录元件列表中登录。一个 PLC 的位地址可控制一条信息的显示。如果 PLC 位设备被激活（"ON"或者"OFF"），相应的信息会显示在报警显示元件中（此元件只登录报警信息，必须由"报警显示"元件显示）。具体添加步骤如下：

1. 添加/修改报警登录信息

点击图标 ▨ （位于数据库工具栏中）可以弹出报警信息对象库；或者进入工具菜单里的"工程数据库"里的报警信息登录，选择〈添加〉按钮来添加信息；或选择〈修改〉按钮来修改已有的信息，如图 5 – 36 所示。

（1）PLC 地址：指定可以触发这个消息的 PLC 位地址。

（2）开状态报警：当位地址为"ON"时显示报警信息。

（3）关状态报警：当位地址为"OFF"时显示报警信息。

（4）内容：输入信息的内容和颜色，默认的字体大小为 16。

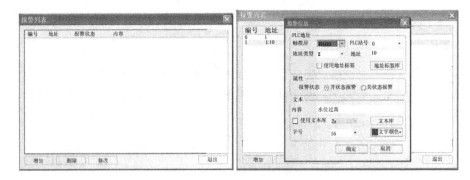

图 5 – 36　添加/修改报警登录信息

2. 完成报警登录信息

点击〈确定〉按钮，报警信息将显示在报警列表中，在登录报警信息后，就可以通过"删除、修改"来编辑已有的报警信息，如图 5 – 37 所示。点击〈退出〉，报警信息登录完毕。为了充分利用通信带宽，建议给报警信息一块连续的 PLC 位地址来控制信息的显示。例如：使用 M100 ～ M199 来控制所有信息的显示。这样的话，我们就可以一次读取 M100 ～ M199，而不是一次只读一个位地址。

3. 报警显示

报警显示元件会在设定的区域显示所有触发的报警信息。其显示的内容和报警条显示的内容是一样的，都是关于某一个节点

图 5 – 37　报警信息登录

开关（位地址）的报警信息。当一个报警信息产生以后，必须在该位地址重新切换到非报警状态时，该报警信息才会自动消除，否则报警信息将始终显示，即一直处于报警状态。注意此元件只显示报警信息，必须由"报警信息登录"元件登录欲显示的元件。按下报警显示元件图标，拖到窗口中，就会弹出报警显示元件［基本属性］框，如图 5 – 38 所示。

（1）优先级：保留功能，暂不使用。

（2）输入地址：读取地址控制了报警显示窗口的滚动（向上和向下）。所有触发的报警信息按由后至先的顺序放置，新的报警信息显示在上面，而旧的报警信息显示在下面。如果读取地址寄存器的值为 N，那么在 $N – 1$ 以上的信息会被忽略，而第 N 个到达的信息会显示在屏幕的第一行。

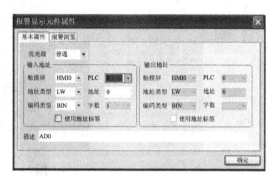

图 5 – 38　报警显示元件属性窗口

（3）地址：报警显示元件对应的字地址。

（4）编码类型：BIN 或 BCD。

（5）字数：对输入地址默认为 1。

（6）使用地址标签：是否使用地址标签里已登录的地址，请参照 5 – 23 所示的输出/输入地址。

（7）描述：分配给报警显示元件的参考名称（不显示）。

4. 预览

进入［报警浏览］页，设定行间距、列间距。点击〈确定〉可完成设置，把报警显示元件放在合适的位置并调整大小，如图 5 – 39 所示。

图 5 – 39　报警浏览页面

四、任务实施

（一）新建画面并添加元件

如图 5 – 40 所示新建画面并添加元件。

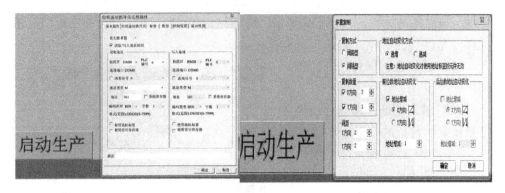

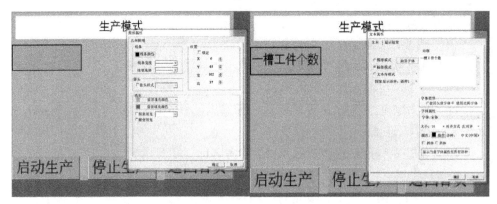

图 5-40　新建画面并添加元件

（二）设置元件相关属性

如图 5-44 所示设置元件相关属性。

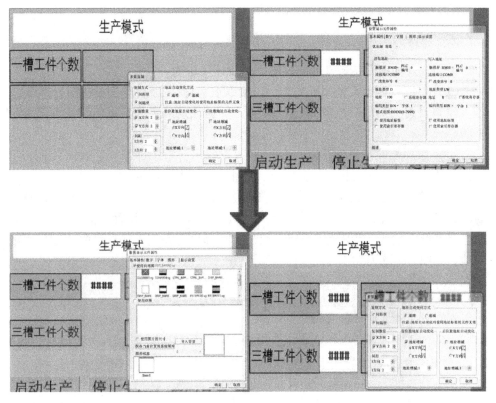

图 5 – 41　设置元件相关属性

（三）设置报警变量并添加报警窗口

如图 5 – 42 所示设置报警变量，并添加报警窗口。

图 5 – 42　设置报警变量和添加报警窗口

五、思考与练习

××工件处理设备触摸屏调试界面的设计要求为：

（1）对调试界面设置显示文本，包括以下字符："工件处理设备运行界面"。

（2）设置"启动""返回首页""停止"画面切换按钮，可以切换不同显示画面。

（3）添加元件状态显示灯，可以显示设备运行、工件加工、表面处理、工件包装的状态。工作时指示灯为绿色，停止时指示灯为红色。

（4）将工件处理设备按钮模块上的转换开关SA2置于"生产"挡位，对应的"设备运行"指示灯常亮绿色，此时可在"设定"区域设置斜槽一和斜槽二，储存的工件个数数字范围为0～3。两条斜槽都没有设定工件数量时，设备不能启动。如图5-43所示。

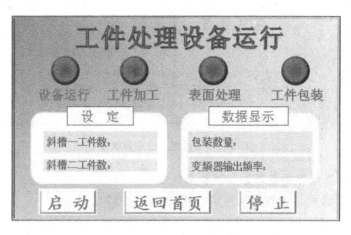

图5-43　工件处理设备触摸屏调试界面

六、项目学业评价

1．请对本任务的知识、技能、方法及项目实施情况等方面进行总结。

2．填写任务评估表（见表5-11）。

表5-10　陶瓷一体化加工生产线加工界面的设计任务评估表

班级		学号		姓名	
项目名称					

评估项目	评估内容	评估标准	配分	学生自评	学生互评	教师评分
专业能力	知识掌握情况	项目知识掌握效果好	10			
	组态画面	能正确添加连接	5			
		能进行画面设计	10			
		能设置报警变量并组态报警窗口	10			
	联机调试与运行	能正确进行联机调试	10			
		文件正确下载	5			
		正确下载测试	5			
专业素养	安全文明操作素养	规范使用设备及工具	5			
		设备、仪表、工具摆放合理	5			
方法能力	自主学习能力	预习效果好	5			
	理解、总结能力	能正确理解任务，善于总结	5			
	创新能力	选用新方法、新工艺效果好	10			
社会及个人能力	团队协作能力	积极参与，团结协作，有团队精神	5			
	语言沟通表达能力	清楚表达观点，展（演）示效果好	5			
	责任心	态度端正，完成项目认真	5			
合　计			100			
教师签名			日　期			

任务四　陶瓷一体化加工生产线整机安装与调试

一、任务描述

陶瓷一体化加工生产线分拣设备说明（见学习情境五）。

二、目标与要求

（1）能利用步科 MT5000，MT4000 系列触摸屏软件建立多画面工程；

（2）能利用三菱 PLC 完成相关控制要求；

（3）能完成陶瓷一体化生产线调试与运行。

三、任务准备

（一）在线模拟

EV5000 支持在线模拟操作，用户设计的工程可以直接在计算机上模拟出来，其效果和下载到触摸屏再进行相应的操作是一样的，在线模拟器通过 MT5000，MT4000 从 PLC 获得数据并模拟 MT5000，MT4000 的操作。在调试时使用在线模拟器，可以节省大量的由于重复下载所花费的工程时间。在线模拟分为直接在线模拟和间接在线模拟两部分，分别介绍如下。

1. 直接在线模拟

直接在线模拟是用户直接将 PLC 与 PC 机的串口相连进行模拟的方法，其优点是可以获得动态的 PLC 数据而不必连接触摸屏。缺点是只能使用 RS232 接口或 PLC 通信。调试 RS485 接口的 PLC 时，必须使用 RS232 转 RS485/422 的转接器。

注意：

（1）直接在线模拟的测试时间是 15min。超过 15min 后，就提示："超出模拟时间，请重新模拟"。模拟器将自动关闭。

（2）只有 RS232 通信方式能直接在线模拟。

在编译好组态程序后，按下按钮，弹出如图 5－44 所示对话框。

选择您要仿真的触摸屏号，选择 PLC 连接的计算机 COM 口号，点击〈仿

图 5－44　直接在线模拟对话框

真）即可开始直接在线模拟。

MT5000/4000 直接在线模拟接线方法：PLC 编程线和 PC 机串口直接相连。

2. 间接在线模拟

间接在线模拟通过 HMI 从 PLC 获得数据并模拟 HMI 的操作。间接在线模拟可以动态地获得 PLC 数据，运行环境与下载后完全相同，只是避免了每次下载的麻烦，快捷方便，但是无法脱离触摸屏硬件使用。MT5000 可以通过以太网、USB 或者串口（MT4000 可以通过 USB 或者串口）连接触摸屏，然后由触摸屏连接 PLC 来进行间接在线模拟。

在编译好组态程序后，按下按钮，弹出如图 5 - 45 所示对话框。

选择需要仿真的 HMI，点〈仿真〉即可开始模拟。

注意：

MT5000 可以通过以太网、USB 或者串口来进行间接在线模拟。MT4000 可以通过 USB 或者串口来进行间接在线模拟。

（二）下载

当编译好工程以后，就可以下载到触摸屏上进行实际的操作了。MT5000 提供了 3 种下载方式，分别是 USB、以太网、串口。MT4000 提供了 2 种下载方式，分别为 USB 和串口。以太网的速度最快，通过串口和 USB 要稍微慢点。在

图 5 - 45　间接在线模拟对话框

下载和上传之前，首先要设置通信参数，通信参数的设置在菜单栏里的［工具］栏的［设置选项］里，如图 5 - 46 所示。

然后会看到如图 5 - 47 所示的对话框。

图 5 - 46　通信参数的设置　　　　图 5 - 47　［编译下载选项］对话框

MT5000/4000 使用的是通用 USB 通信电缆，HMI 端接的是 USB 从设备端口，USB 主设备端接 PC 机。

注意：

（1）USB 端口仅用于下载用户组态程序到 HMI 和设置 HMI 系统参数；

（2）不能用于 USB 打印机等外围设备的连接。

第一次使用 USB 下载，要手动安装驱动。把 USB 一端连接到 PC 的 USB 接口上，一端连接触摸屏的 USB 接口，在触摸屏上电的条件下，会弹出如图 5 - 48 所示的安装信息。

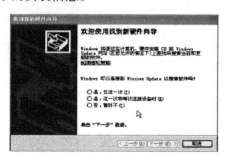

（a）

（b）

（c）

（d）

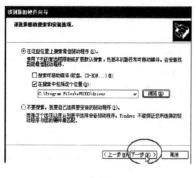

（e）

（f）

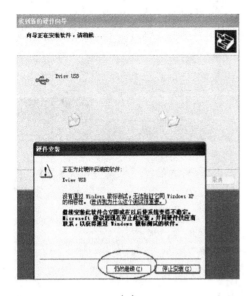

（g） （h）

图 5 - 48 手动安装驱动时的提示信息

从我的电脑—属性—硬件—设备管理器—通用串行总线控制器可以查看到 USB 是否安装成功，如图 5 - 49 所示（触摸屏后的拨码开关 1，2 都为"OFF"时，才会出现 EVIEW USB）。

图 5 - 49 查看 EVIEW USB 是否安装成功

以后采用 USB 来下载不需要进行其他设置，下载设备选择"USB"，然后点击〈确定〉，即可进行下载。如图 5 - 50 所示。

压缩大尺寸位图是指图片未上传到 MT5000，MT4000 前的原文件，尺寸大小由用户自己设置。当这个尺寸大于设置的尺寸后，均压缩后进行编译下载，这样可以节省空间，程序默认为选中。

注意：

（1）选择"压缩大尺寸位图"，可以减少组态工程的大小；

（2）不选中"压缩大尺寸位图"，下载到触摸屏以后，切换页的速度会快一些；

（3）为了使触摸屏在运行时通信速度快，建议在建立组态工程的时候，不要使用太多的位图，静态文字也尽量少用图形模式。图形模式的文字和图片一样会占用空间。

四、任务实施

（1）完成触摸屏所有画面组态，如图 5 - 51 所示。

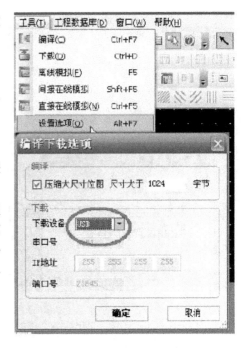

图 5 - 50　直接采用 USB 下载界面

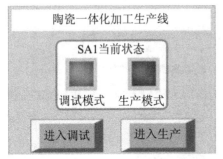
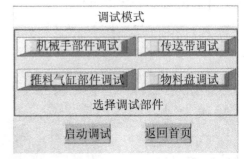

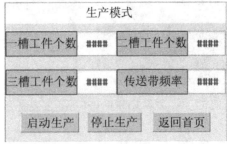

图 5 - 51　触摸屏画面组态

（2）PLC 程序编写。参考程序如下：

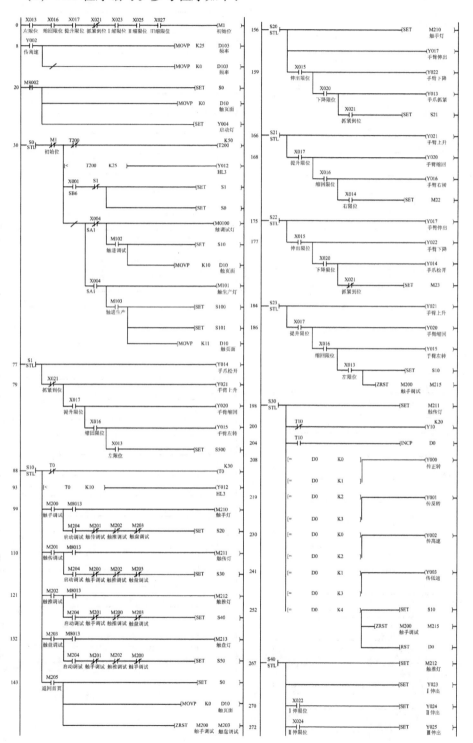

（续）

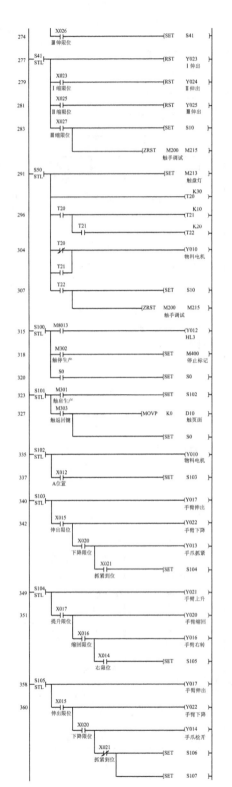

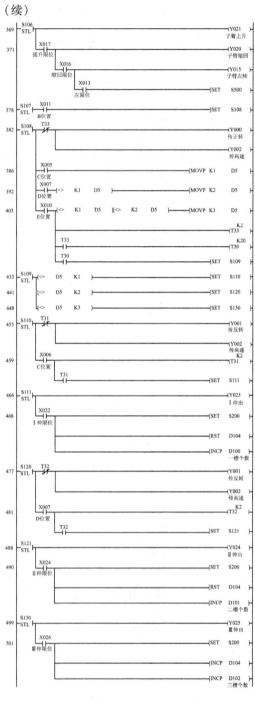

（3）直接在线仿真。

（4）系统联机调试。

（5）下载试运行。

五、项目学业评价

1. 请对本任务的知识、技能、方法及项目实施情况等方面进行总结。

2. 请总结交流项目任务的控制过程，并分享学习体会。

3. 填写任务评估表（见表5-11）。

表5-11　陶瓷一体化加工生产线整机安装与调试任务评估表

班级		学号		姓名			
项目名称							
评估项目	评估内容	评估标准		配分	学生自评	学生互评	教师评分
专业能力	知识掌握情况	项目知识掌握效果好		10			
	组态画面	PLC能正确实现控制要求		5			
		触摸屏能满足控制要求		10			
		通信网络正常		10			
	联机调试与运行	能正确进行联机调试		10			
		文件正确下载		5			
		正确下载测试		5			
专业素养	安全文明操作素养	规范使用设备及工具		5			
		设备、仪表、工具摆放合理		5			
方法能力	自主学习能力	预习效果好		5			
	理解、总结能力	能正确理解任务，善于总结		5			
	创新能力	选用新方法、新工艺效果好		10			
社会及个人能力	团队协作能力	积极参与，团结协作，有团队精神		5			
	语言沟通表达能力	清楚表达观点，展（演）示效果好		5			
	责任心	态度端正，完成项目认真		5			
合　计				100			
教师签名				日　期			

附　录

【附录1】

"PLC 技术基础与应用"参考课程标准

专业名称：机电专业	
课程名称：PLC 技术基础与应用	教学时间安排：180 学时

一、对课程（典型工作任务）的描述

　　本课程是电子信息专业强电方向的核心专业课程。课程涉及 18 个典型工作任务，这些工作任务在设计上以模拟工作岗位创设合适的学习情境，结合实际工作要求和教学知识点整合工作任务。在教学目标的达标上要求具有滚动生成、分层达标的特点。

　　典型工作任务的内容涵盖了知识、技能、职业能力三大方面。其中知识内容主要涉及 PLC 的基本指令和部分功能指令、变频器、传感器、触摸屏的基本使用等；技能方面则涉及继电器控制线路的 PLC 实现、工作警示灯的设计、自动生产线设备的自动化控制设计和维护、人机界面设计等相关技能；职业能力方面则要求学生在重复的工作过程中养成良好的工作习惯，在不同工作任务的实施过程中自主建构符合自身认知规律的专业技能知识，突出学生学习的主动性和主体地位。本课程典型工作任务如附表 1 - 1 所示。

二、学习目标

（一）专业能力

（1）能结合行业规范自觉遵守场室的各项制度；

（2）能按照任务书的相关控制要求做好外部线路的设计与安装；

（3）能利用 PLC 的 27 条基本指令和功能指令完成任务书的基本控制要求；

（4）能根据工作流程进行项目任务的联机调试；

（5）能掌握变频器的外部接线、参数设置；

（6）能掌握传感器的外部接线、工作原理。

（二）方法能力

（1）根据任务书的要求，科学分析、分解任务的能力；

（2）合理有效地收集任务信息的能力；

（3）有计划地制定、组织和执行实施策略的能力；

（4）科学评价任务完成效果的能力。

（三）社会能力

（1）养成在规定的时间完成任务的习惯，培养守时的能力；

（2）具备良好的沟通协作能力和语言表达能力；

（3）能结合任务的调试，不断修正、优化控制要求的能力（创新能力）。

附表1-1 "PLC原理与应用"学习情境典型工作任务

序号	工作情境	典型工作任务	授课学时	
1	岗前培训	1-1 工业自动化控制企业现场管理	2	8
2		1-2 工业自动化控制技术应用须知	2	
3		1-3 光机电一体化基础硬件设备检测与保养	2	
4		1-4 工业自动化控制编程软件的安装与调试	2	
5	陶瓷机械继电器设备的组装与维护	2-1 陶瓷抛光机刀头进给电动机的点动控制	4	28
6		2-2 陶瓷抛光机刀头进给电动机的连续控制	4	
7		2-3 陶瓷抛光机刀头主轴电动机的正反转控制	4	
8		2-4 陶瓷抛光机刀头主轴电动机的Y-△降压启动控制	8	
9		2-5 多台陶瓷抛光机电动机的多工序顺序启动动作控制	8	
10	陶瓷机械设备报警指示的组装与维护	3-1 陶瓷抛光机电柜的运行警示灯闪亮警示动作控制	8	32
11		3-2 陶瓷抛光机电柜"运行/停止/待机"警示灯闪亮警示动作控制	8	
12		3-3 陶瓷抛光机电柜工位指示灯循环移位检测动作控制	8	
13		3-4 陶瓷抛光机电柜计件运算结果提示指示灯动作控制	8	
15	陶瓷加工生产线设备传送带动作的组装与维护	4-1 陶瓷包装生产线皮带输送机手动调速检测控制	8	32
16		4-2 陶瓷包装生产线皮带输送机自动变速运行控制	8	
17		4-3 陶瓷包装生产线皮带输送机自动包装控制	8	
18		4-4 陶瓷包装生产线皮带输送机多产品分类包装的控制	8	

续表

序号	工作情境	典型工作任务	授课学时	
19	陶瓷搬运机械手动作的组装与维护	5-1 陶瓷打包机入仓推杆的动作控制	8	
20		5-2 陶瓷搬运机械手码垛的动作控制	8	
21		5-3 陶瓷搬运机械手单工位搬运的动作控制	8	32
22		5-4 陶瓷搬运机械手多工位搬运的动作控制	8	
23	陶瓷一体化加工生产线人机界面的安装与维护	6-1 陶瓷一体化加工生产线的主界面设计	8	
24		6-2 陶瓷一体化加工生产线调试界面的设计	8	
25		6-3 陶瓷一体化加工生产线加工界面的设计	8	32
26		6-4 陶瓷一体化加工生产线整机安装与调试	8	
23	中级电工考证复习	7-1 中级电工考证 技能复习1	4	
24		7-2 中级电工考证 技能复习2	4	
25		7-3 中级电工考证 技能复习3	4	16
26		7-4 中级电工考证 技能复习4	4	

三、教学建议

（一）教学条件

教学场地：现代电工室、工业自动化控制室。

教学设备：亚龙公司的 YL-235A 设备、多媒体一体化教学设备。

教学资源：三菱 PLC 编程软件说明书、设备使用说明书、FX 系列编程指南与教材、机电一体化设备安装与调试技能竞赛辅导书、网络资料等。

（二）教学方法与组织

（1）采用项目教学法，以模拟或真实的企业项目为学习内容，将技能点和知识点贯穿于每个项目当中，由简单的项目到难度大的项目逐步递进。

（2）以理实一体化的教学方式，帮助学生在"做"中学习相关的理论知识，在学习的过程中达到技能水平的提升。

（3）以学校实训中使用的 YL-235A 设备、现代电工训练设备为载体，通过拓展工程实际任务实现职业岗位能力的提升。

（4）分组完成项目时，可以在相同的项目中分不同的工种，做到组内异质和组间同质，并通过组间的交流与互评达到教学目标。

（5）通过滚动生成、分层达标的分模块考核，保证基本内容通过不断强化，最终达到理解、掌握和应用的程度。

四、学业评价

（一）评价内容

（1）行业规范：技能操作过程符合优秀企业的 8S 管理规范，操作动作和顺序符合企业常规，设计成果的提交符合企业设计部门的技术要求。

（2）时间把握：能在规定时间结合自行选择的难度分层完成项目。

（3）工作态度：对技术要求保持严谨、精益求精的态度。

（4）职业能力：能与组员合作，协同完成项目，能根据工作岗位的不同认真履行工作职责，具有一定的产品推广、技术说明能力。

（二）评价形式

本课程的考核强调形成性和过程性，强调平时训练的重要性。具体考核由两部分组成：

（1）平时成绩（包括出勤情况、交流情况、合作情况、8S 整理情况等），占课程总成绩的 30%；

（2）项目训练成绩（包括设备使用、操作规范、项目实施能力、软硬件调试能力、故障分析能力、绘图规范、交流分享等），由自评、互评、师评三部分组成，占课程总成绩的 30%；

（3）综合实践成绩占课程总成绩的 40%。

课程总成绩 = 平时成绩 $\times 0.3$ + 项目训练成绩 $\times 0.3$ + 综合实践成绩 $\times 0.4$。

【附录2】

YL-235A 设备元器件安装规范图解

一、部件安装

部件名称	安装部位	规范与要求	示例	
			与要求相符	与要求不符
带输送机及相关器件	输送机支架	输送机支架与安装台台面垂直，不倾斜		
	支架与机架固定螺钉	要使固定螺钉产生较大的静摩擦力矩，保证支架与机架之间的连接，因此，固定螺钉之间的距离应尽量大		
	输送机主副辊轴轴承座	注油孔在上，以方便注油		
	输送带调节	调节输送带后，调节螺钉水平，调节螺钉支架与输送机机架的连接，螺钉拧紧，且上侧面与机架平齐	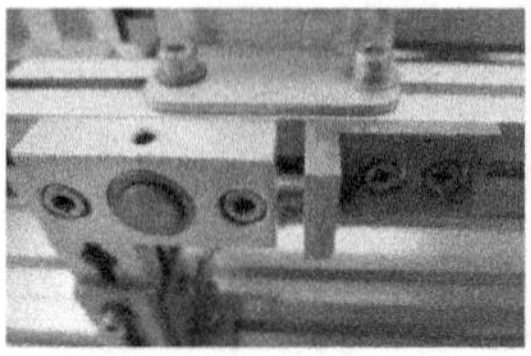	

续表

部件 名称	安装 部位	规范与要求	示　例	
			与要求相符	与要求不符
带输送机及相关器件	输送带调节	输送机主副辊轴平行，输送带松紧适度，运行时输送带不跑偏		
	拖动电机的安装支架	拖动电机安装支架底座与安装平台之间应垫上防震垫		
	电机轴与输送机主辊轴的连接	电机轴轴线与输送机主辊轴轴线应为同一水平直线，运行时输送机和电机无跳动		
	输送机上安装的传感器	输送机上传感器的安装高度以能准确检测到物件为宜。与输送带距离太远，不能准确检测物件；与输送带距离太近，影响物件通过		

续表

部件名称	安装部位	规范与要求	示　例	
			与要求相符	与要求不符
带输送机及相关器件	进料口与进料检测传感器	进料口检测物料传感器支架安装高度合适，且不倾斜		 
	进料口检测传感器	进料口检测传感器安装支架不倾斜，传感器水平		  
	出料槽	出料槽与带输送机支架结合处过渡平滑，无缝隙，不影响物料进入出料槽		

部件名称	安装部位	规范与要求	示 例	
			与要求相符	与要求不符
带输送机及相关器件	出料气缸	输送机上出料气缸安装孔的中心线与传感器支架上推头出入孔的中心线应在同一水平线上,不能上下、左右偏移,影响气缸活塞杆的运动	 	 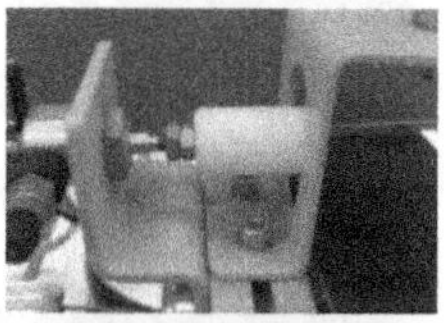 
	输送机的高度	输送机机架安装高度,从机架的前后左右四个位置测量,最大尺寸与最小尺寸的差不大于1mm		
机械手及相关器件	机械手支架	支架两立柱平行且与安装台台面垂直	 	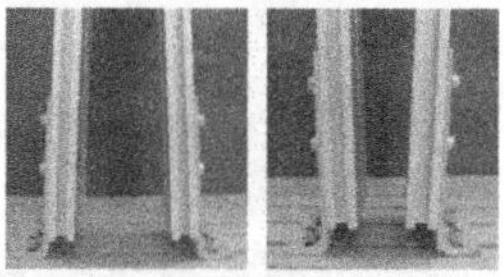 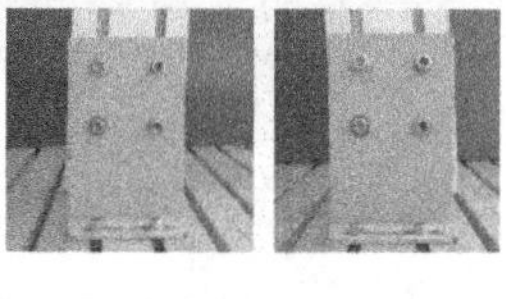

续表

部件名称	安装部位	规范与要求	示 例	
			与要求相符	与要求不符
机械手及相关器件	旋转气缸固定架	机械手支架两立柱高度一致，旋转气缸固定架保持水平		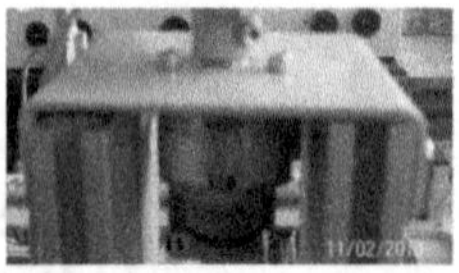
	限位挡板	限位挡板水平安装且贴紧旋转气缸固定架		
	悬臂与旋转气缸连接	悬臂气缸连接孔的定位螺钉应对准旋转气缸轴上的定位槽，将孔套进轴后拧紧定位螺钉		
	限位销与缓冲器	各器件安装位置适当，当金属传感器检测到信号时，应首先与缓冲器接触，悬臂停止时，与金属传感器应有 1 ～ 2mm 的间隙		
	悬臂与手臂	悬臂应水平安装，手臂应竖直安装；完成后，手臂与悬臂应垂直	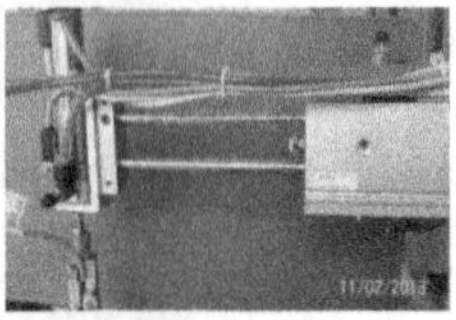	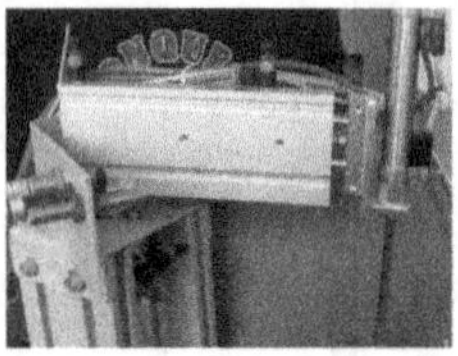

续表

部件名称	安装部位	规范与要求	示 例	
			与要求相符	与要求不符
警示灯	警示灯安装高度	在没有标示安装高度的尺寸时，警示灯不能被设备的其他部件遮挡，应安装在能全部看见警示灯报警的显著位置		
	警示灯安装的立柱	警示灯的安装立柱应垂直于安装平台，且应贴紧安装台面，不能悬空		
	警示灯灯柱	警示灯灯柱应竖直，不能前后左右倾斜		
送料机构	送料盘的安装	送料盘的安装高度，从四个支柱的位置测量应相同，最大高度与最低高度之间相差应不超过1mm。送料盘物料出口应基本水平	 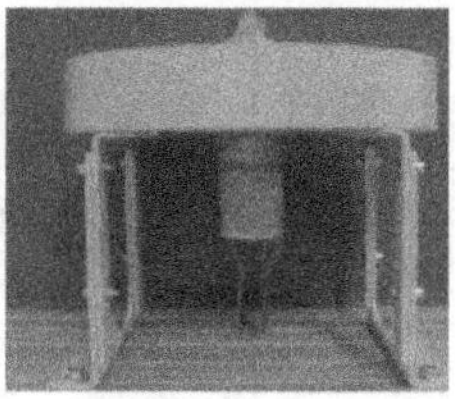	 

215

续表

部件名称	安装部位	规范与要求	示 例	
			与要求相符	与要求不符
送料机构	支架螺钉	将送料盘固定在支架上的固定螺钉，螺钉头在外侧，不能相反		
	接料平台	接料平台安装在带输送机端部时，应靠近传送带且比传送带低 1～2mm。过高，影响物件送达平台；过低，物件会倾斜		 
		接料平台安装在送料盘出口时，接料平台应靠出口且比出口低 1～2mm。过高，影响物件送达平台；过低，物件会倾斜	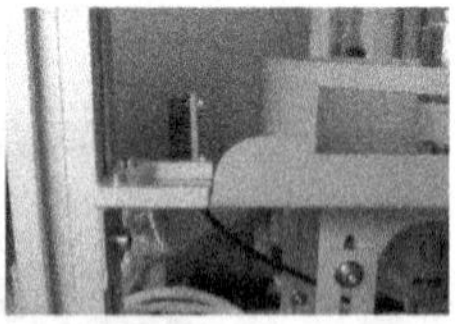	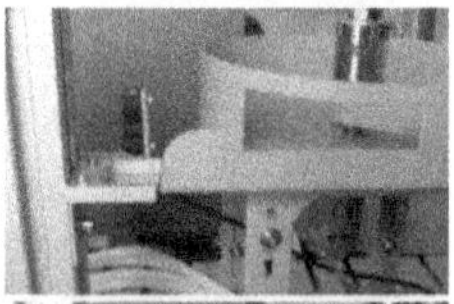 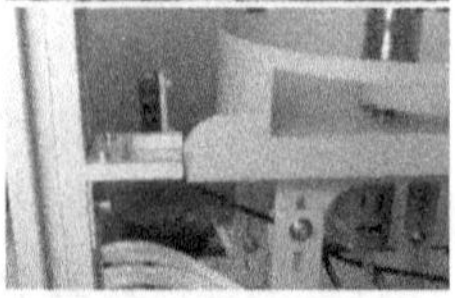
	接料平台传感器的支架	接料平台传感器支架的固定螺栓，应螺栓头在上，不能相反		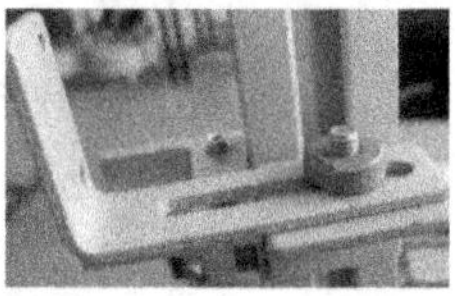

续表

部件名称	安装部位	规范与要求	示　例	
			与要求相符	与要求不符
行线槽的安装	行线槽的固定	安装在平台上的行线槽，距两端不大于50mm处应有螺钉固定，中部螺钉的固定点之间的距离应为400～600mm		
	行线槽的转角	行线槽转90°角时，无论是底槽还是盖板，都应切45°斜口，且拼接缝隙不能超过2mm		
	行线槽的T形分支	行线槽T形分支安装时，分支底槽应插入主槽10～20mm，或两个45°斜切口组成90°接口；盖板可不插入，接缝处缝隙不能超过2mm		
气源组件部件端部	气源组件	气源组件应正立安装，各零件不能倾斜		

续表

部件名称	安装部位	规范与要求	示 例	
			与要求相符	与要求不符
气源组件部件端部	型材封端	所有型材的端部，都应加装封盖		

二、电路安装

导线与接线端子的连接	传感器不用的芯线	传感器不用的芯线应剪掉，并用热塑管套住或用绝缘胶带包裹在护套绝缘层的根部，不可裸露		
	传感器的芯线绝缘层	传感器芯线的绝缘层应完好，不能有损伤		
	传感器芯线进入行线槽	传感器芯线进入行线槽应与线槽垂直，且不交叉		
	光纤传感器的光纤	在布线光纤时，转角的曲率半径过小会影响光纤的传播，因此光纤传感器上的光纤，弯曲时的曲率半径应不小于100mm		

续表

部件名称	安装部位	规范与要求	示　例	
			与要求相符	与要求不符
导线与接线端子的连接	传感器护套层	传感器护套线的护套层应放在行线槽内，只有线芯从行线槽出线孔内穿出		
	导线与接线端子的连接	与端子排连接的导线（包括传感器的芯线），应做冷压端子并套上热塑管，与端子排连接时不可露出导体		
	号码管	所有与接线柱、接线端子连接的导线，都应套长度一致的号码管，号码管上的字迹清楚，排列方向一致且便于观看		
	行线槽与端子排之间的导线	从行线槽出线孔穿出的导线，最多只能两条。行线槽与接线端子排之间的导线不能交叉		
	交流电动机电源线与接线端子排的连接	交流电动机的电源线不能放入信号线的线槽，电源线应做冷压端子套上热塑管和编号管后再连接在端子排的接线端子上		

部件名称	安装部位	规范与要求	示　例	
			与要求相符	与要求不符
导线束	绑扎带的剪切	应在扎口不超过1mm的地方剪切绑扎带，并做到切口圆滑不割手		
	电路与气路	设备电路的导线与气路的气管不能绑扎在一起，但同一活动模块上可以绑扎在一起		
	导线束理顺	绑扎在一起的导线应理顺，不能交叉		
	第一个绑扎点	第一个绑扎点距器件30～40mm。距离太小，容易折断导线；距离太大，显得凌乱		
	绑扎点间的距离	一束导线的绑扎点之间的距离应一致，以60～80mm为宜。间距小，浪费绑扎带；间距大，没有绑扎效果		

续表

部件名称	安装部位	规范与要求	示　例	
			与要求相符	与要求不符
导线束	线夹子固定导线束	未进入行线槽而露在安装台台面的导线，应使用线夹子固定在台面上或部件的支架上，不能直接塞入铝合金型材的安装槽内		
	电磁阀组上的导线束	电磁阀组上的导线应按要求进行绑扎，在离开电磁阀组时再进行绑扎就太凌乱		
插拔线	插拔线插入插拔孔	同一插拔孔，最多只能插接两条导线		
	插拔线的长度	插拔线不够长时，只能更换一条长度符合要求的导线，不允许用插拔的方式接长		
	按钮模块上的插拔线	按钮、指示灯模块上插拔线应走向一致，不影响按钮的操作和对指示灯的观看		

部件名称	安装部位	规范与要求	示　例	
			与要求相符	与要求不符
插拔线	PLC模块上的插拔线	PLC模块上插拔线应梳理整齐、走向一致，不影响调试操作和对信号的观察		
	变频器模块上的插拔线	变频器上电动机的插拔线颜色应符合相序的要求，不能交叉		
	接线端子排上的插拔线	接线端子排上的插拔线应梳理整齐，不松散，不遮挡接线端子排的接线，必要时可以用扎带绑扎		
	插拔线的布线	插拔线的布线应横平竖直、整齐，不影响操作		

三、气动系统安装

进气管与出气管	引入安装台的气管	引入安装台的气管，应先固定在台面上，然后与气源组件的进气接口连接		
	气管接口	气管接口应完好无损，有缺陷的气管接口应更换，避免漏气		

续表

部件名称	安装部位	规范与要求	示　例	
			与要求相符	与要求不符
进气管与出气管	从气源组件引出的气管	气源组件与电磁阀组之间的连接气管，应使用线夹子固定在安装台台面上		
气管的绑扎	绑扎点与接口的距离	气管绑扎时，距离气动元件气管接口的距离以60mm左右为宜。太小，引起气管变形，影响气体的流通；太大，容易松散		
	绑扎点之间的距离	气管绑扎点之间的距离以 50 ～ 80mm 为宜		
气管的走向	气路与行线槽	气管不能进入行线槽		

续表

部件名称	安装部位	规范与要求	示　例	
			与要求相符	与要求不符
气管的走向	气路与电路	气路与电路应分开，不能绑扎在一起		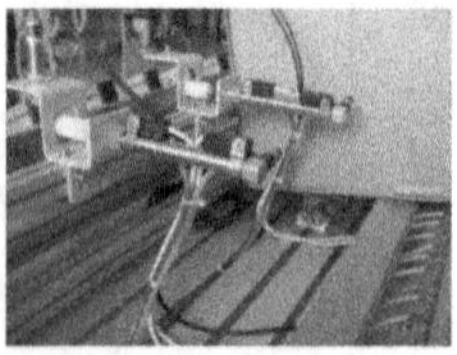
	安装台台面上的气管	安装台台面上的气管不能悬空，应使用线夹子固定在安装台台面上。 台面上的气管不能从设备的内部走，也不能穿过工作区域	 	

四、工作习惯

穿戴	鞋	必须穿绝缘鞋		
	衣服	必须穿工作服		

续表

部件名称	安装部位	规范与要求	示　例	
			与要求相符	与要求不符
工具	工具摆放	工具必须整齐摆放在工作台或其他固定的位置，不能摆放在地上或安装台上		
零部件	零部件摆放	待安装或组装的零件和部件，应整齐放在工作台上并且在工作台上组装，不能放在地上和在地面上组装部件		
安装台台面	台面清理	安装完成后，应清理安装台，不能有遗留的导线、扎带、螺钉等任何东西		

【附录3】

电器控制柜元器件安装规范图解

部件名称	安装部位	规范与要求	示 例	
			与要求相符	与要求不符
配电箱	配电板上的接线	按图纸要求选择导线，基本要求是横平竖直、布线清晰、余量适当	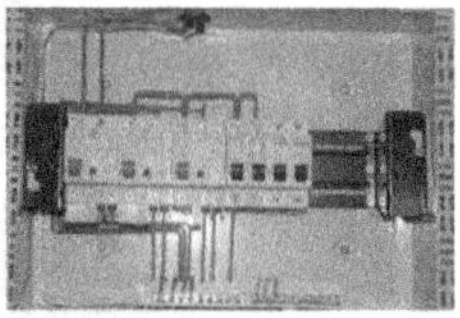	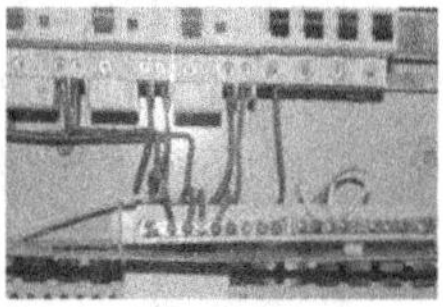 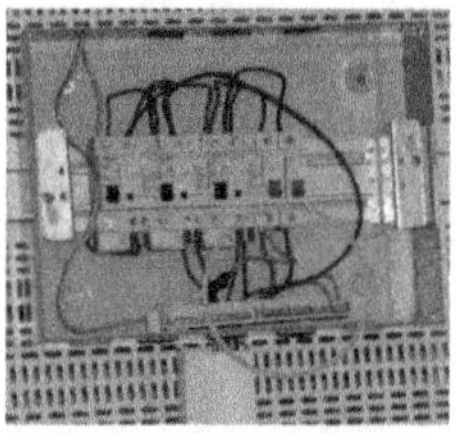
		配电板上布线横平竖直、无交叉、归边走线、长线沉底，走线成束	    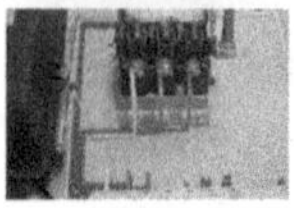	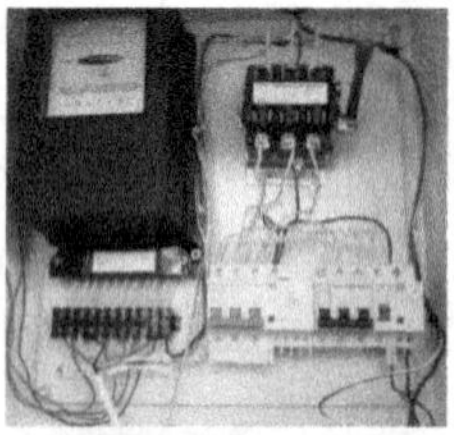  

一、配电箱及内部配电板的接线安装

续表

部件名称	安装部位	规范与要求	示例	
			与要求相符	与要求不符
配电箱	安装接地线和接零线	隔离开关、电度表等的金属部分应妥善与箱体底部接地排连接，零线应该与接零排妥善连接。引入线中的零线（或地线）进箱需直接接零线排（或接地线排），并排列整齐、连接牢固		
配电箱与电气控制箱		接零系统与接地系统须严格分开，各成体系		
	配电板上的接线	电气控制箱内布线应规范，不凌乱		

续表

部件名称	安装部位	规范与要求	示 例	
			与要求相符	与要求不符
配电箱与电气控制箱	箱门线的保护与固定要求	从配电板到箱门的信号线、控制线束总线束应用缠绕管保护，支路线束应用缠绕管保护或扎带捆绑		
		箱门线应用扎带以"十"字形双绑在箱体和箱门的固定架上，剪去扎带多余部分，且不允许有毛刺刺手		
		必须规范成束，分束绑扎，整齐美观，余量合适		
		不允许用绝缘破损的导线		
		连接处不能露铜		

续表

部件名称	安装部位	规范与要求	示　例	
			与要求相符	与要求不符
配电箱与电气控制箱	箱门线的保护与固定要求	连接处不允许压绝缘		
	接线端子的加工与压接	接线端引出线排列整齐		
		同一接线端子不能超过两根		
		两根导线接同一接线端时，不允许使用一个接线端子进行并线连接，号码管也应分开标注；（变频器及台达 PLC，接线端子较小无法使用两个端子接线的除外）		

续表

部件名称	安装部位	规范与要求	示 例	
			与要求相符	与要求不符
配电箱与电气控制箱	接线端子的加工与压接	接线端压接不能松动		
		电线连接时必须用冷压端子,并且是合适的冷压端子,同时需套上号码管		
		号码管应排列整齐,按图纸标号,并将标号面朝外		
		绑扎带均匀、间距相等		

续表

部件名称	安装部位	规范与要求	示　例	
			与要求相符	与要求不符
配电箱与电气控制箱	接线端子的加工与压接	螺丝头没有损坏		
		冷压端子金属部分不外露（同一端子接两根导线，部分接线端子较小的情况除外）		

二、安全操作与文明施工

项目名称	作业名称	规范与要求	示　例	
			与要求相符	与要求不符
安全操作	登高作业安全	登高作业必须按安全要求使用人字梯，不得使用其他不合格登高工具		
		登梯动作规范		

续表

项目 名称	作业 名称	规范与要求	示　例	
			与要求相符	与要求不符
安全操作	工具摆放安全	作业过程中不得把工具、器材放置在不安全的地方		
		作业结束后严禁把工具遗失在设备内		
		不允许损坏器件		
		施工时必须穿戴安全帽、工作服、绝缘鞋		

续表

项目名称	作业名称	规范与要求	示　例	
			与要求相符	与要求不符
安全操作	使用电动工具安全	使用电动工具开孔时，被加工物件必须可靠固定		
	通电断电安全	施工必须在断电情况下进行，须通电应经批准，施工过程中必须悬挂警示牌		
文明施工	坚守工作岗位，保持工作环境整洁	施工时保持工位的整齐		
		作业过程中弃物应该按规定处理，注意节省耗材		

续表

项目名称	作业名称	规范与要求	示　例	
			与要求相符	与要求不符
文明施工	动作规范	操作姿势正确		
	完工后的处理	施工结束后须将工位整理干净		

【附录4】

2015 年广东省中等职业学校技能竞赛
机电一体化设备组装与调试

工作任务书

一、工作任务与要求

1. 按《工件处理设备组装图》（图号为 01）组装工件处理设备，并满足图纸提出的技术要求。

2. 按《工件处理设备电气原理图》（图号为 02）连接电路，连接的电路应符合工艺规范要求。

3. 按《工件处理设备气动系统图》（图号为 03）连接工件处理设备的气路，使其符合工艺规范要求。

4. 请正确理解工件处理设备的检测和分拣要求以及意外情况的处理等，制作触摸屏的各界面，编写工件处理设备的 PLC 控制程序和设置变频器的参数。

注意：在使用计算机编写程序时，请随时保存已编好的程序，保存的文件名为"工位号 + A"（如 3 号工位文件名为"3A"）。

5. 请安装、调整传感器的位置和灵敏度，调整机械部件的位置，完成工件处理设备的整体调试，使工件处理设备能按照要求进行生产。

二、工件处理设备说明

1. 工件处理设备为先对金属件和白塑料件两种工件（黑色塑料件为生产过程中出现的不合格工件）进行加工，然后进行表面处理，再分拣打包的机电一体化设备。

2. 工件处理设备高速运行时，变频器的输出频率为 30Hz；工件处理设备低速运行时，变频器的输出频率为 25Hz（工件由 A 向 B 方向运行为传送带正转方向）。

工件处理设备各部件名称及位置如附图 4 - 1 所示。

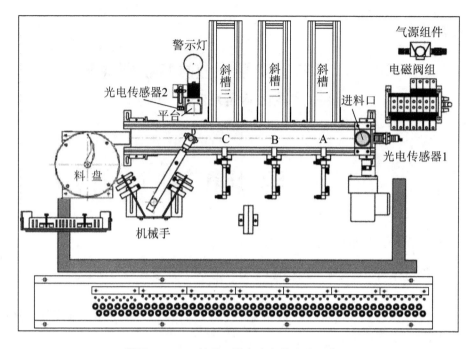

附图4-1　工件处理设备各部件名称及位置

工件处理设备有"调试"和"运行"两种模式，由其按钮模块上的转换开关 SA2 选择。当 SA2 在左挡位时，选择的模式为"运行"；当 SA2 在右挡位时，选择的模式为"调试"。

工件处理设备上电后，绿色警示灯闪烁，指示系统电源正常，同时触摸屏进入首页界面，如附图 4-2 所示。将 PLC 拨到运行状态，若系统不处于初始状态，则按钮模块上的指示灯 HL1 闪烁（每秒闪烁一次）；若处于初始状态，则指示灯 HL1 熄灭。

工件处理设备的初始状态是：机械手的悬臂靠在右限止位置，悬臂和手臂气缸的活塞杆缩回，手指张开，斜槽气缸的活塞杆缩回。料盘的直流电动机、传送带的三相电动机不转动。若上电时有某个部件不处于初始状态，系统应进行复位，复位方式自行设定。

（一）工件处理设备的系统调试

将按钮模块上的转换开关 SA2 置于"调试"挡位，触摸屏"首页界面"对应的"调试"指示灯常亮，如附图 4-2a 所示。此时按下触摸屏上的〈调试〉键，将弹出"输入密码框"，如附图 4-2b 所示，输入正确密码"235"后，则可以进入触摸屏"调试"界面，如附图 4-3 所示。若密码不正确，则弹出"重新输入密码"的对话框，如附图 4-2c 所示，可重新输入新的密码；若重新输入的密码还不正确，则弹出"你不能进行设备调试"的提示，如附图 4-2d 所示。

这时需要再次按下触摸屏上的〈调试〉键才能进入工件处理设备调试界面。

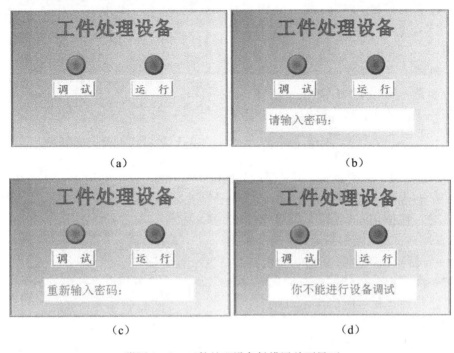

（a）　　　　　　　　　　　　　（b）

（c）　　　　　　　　　　　　　（d）

附图4-2　工件处理设备触摸屏首页界面

1. 输送机的调试

在如附图4-3所示的触摸屏"工件处理设备调试"界面上，按下〈输送机〉键，其对应的指示灯常亮，传送带以频率60Hz正转，5s后变为高速（30Hz）正转，30Hz对应的指示灯亮，如附图4-4所示。高速正转5s后变为低速（25Hz）反转，低速反转5s后传送带停止运行的同时，斜槽三气缸伸出→斜槽二气缸伸出→斜槽一气缸伸出→斜槽的气缸同时缩回，斜槽气缸缩回到位后，其对应的指示灯熄灭，调试完成。可进行反复调试。在此过程中，"调试"界面上的变频器和气缸对应的监控指示灯随其动作动态变化（动作时指示灯亮）。

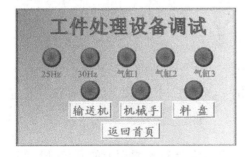

附图4-3　触摸屏调试界面

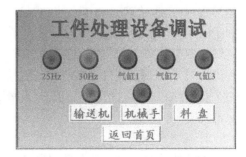

附图4-4　调试输送机时触摸屏的界面

2. 机械手的调试

按下触摸屏的"调试"界面上的〈机械手〉键,其对应的指示灯常亮,如附图4-5所示。每按一次〈机械手〉键,机械手完成一个组合动作,共四个组合动作。其动作顺序如下:旋转气缸左转→旋转气缸右转、悬臂伸出→悬臂缩回、手臂下降→手臂上升、手爪合拢→手爪张开,手爪张开到位后,其对应的指示灯熄灭,检测完成。可进行反复调试。

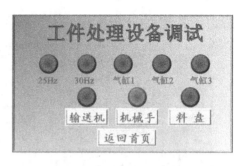

附图4-5　调试机械手时的触摸屏界面

3. 料盘的调试

按下触摸屏的"调试"界面上的〈料盘〉键,其对应的指示灯常亮,如附图4-6所示。料盘的直流电动机转动;再按一次〈料盘〉键,料盘的直流电动机停止转动,其对应的指示灯熄灭,调试完成。可进行反复调试。

工件处理设备调试完成后,可按下触摸屏的"调试"界面上的〈返回首页〉键,返回触摸屏的首页界面。

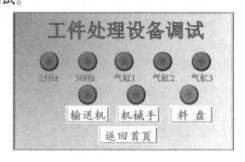

附图4-6　调试料盘时的触摸屏界面

(二) 工件处理设备的运行

1. 生产设定

将工件处理设备按钮模块上的转换开关SA2置于"生产"挡位,如附图4-2所示触摸屏"首页界面"对应的"运行"指示灯常亮,此时按下如附图4-2所示的〈运行〉键可以进入触摸屏"工件处理设备运行"界面,如附图4-7所示。此时可在"设定"区域设置斜槽一和斜槽二储存的工件

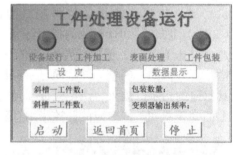

附图4-7　工件处理设备运行的触摸屏界面

种类:"1"代表金属件、"2"代表白塑料件、"3"为两种工件的组合(组合由一个金属件和一个白塑料件构成,入槽顺序:先金后白),两条斜槽都没有设定工件种类时,设备不能启动。

2. 生产过程

工件种类设定后,按下触摸屏"工件处理设备运行"界面上的〈启动〉键,触摸屏上的"设备运行"灯常亮,此时可以向进料口放入工件,进料口的光电传感器检测到工件后，传送带高速正向运行，将工件送往相应的地方进行下一个工序的工作。只有当前的工件被处理完后才可放下一个工件。

（1）加工

若放入的工件是符合包装要求的金属件或白塑料件，则送往位置 C 处后停止，并进行加工：工件在此处加工时间为 3s，加工期间"工件加工"灯常亮。在加工期间若按下按钮模块上的按钮 SB1，则为加工故障，此时"工件加工"灯闪烁（每秒闪烁一次），同时正在进行加工的工件由该处的气缸将其推入斜槽三。待释放按钮模块上的按钮 SB1 后，"工件加工"灯熄灭，加工故障解除，此时可重新向进料口投放下一个工件。

若放入的工件是不符合包装要求的金属件或白塑料件，则传送带高速正向运行，将工件直接送往位置 C 处后停止，并由该处的气缸将其推入斜槽三。

若放入的工件是黑塑料件，则该工件为不合格产品，传送带低速正向运行，将工件直接送往位置 D 处，再由机械手搬运到料盘（机械手动作要合理）。工件放入料盘后，料盘的直流电动机转动 5s，进行不合格工件处理。

（2）表面处理

加工完成后，"工件加工"灯熄灭，同时进入表面处理工序。加工完成的工件送往位置 D 处后，由该处的机械手将其搬运到平台进行表面处理，表面处理时间为 2s。表面处理期间"表面处理"灯常亮。表面处理完成后"表面处理"灯熄灭。

（3）入仓

表面处理完成后，机械手将工件搬运回到位置 D 后，传送带低速反向运行并按设定要求将工件送往相应的斜槽，由其气缸推入斜槽。

（4）打包

斜槽设定工件种类为"1"或"2"时，该斜槽每推入 3 个工件就进行打包一次；斜槽设定的工件种类为"3"时，该斜槽每推入两个组合工件就进行打包一次。同时触摸屏生产界面上"包装数量"处显示两个斜槽已完成打包的总包数。每次打包时间为 3s，打包期间"工件包装"灯闪烁（每秒闪烁一次），提示正在打包，打包期间可向正在打包的斜槽推入工件。

每次需完成的打包总数为"5"。

（4）数据显示

运行期间，在触摸屏"工件处理设备运行"界面上"变频器输出频率"处显示驱动三相电动机的变频器当前的输出频率。

3. 工件处理设备停止运行

（1）自动停止

系统在完成每次需打包的总数后自动停止，触摸屏上的"设备运行"指示灯熄灭，同时斜槽设定的数据和打包次数清零。

此时可重新设定斜槽工件种类进行生产，若不需要再生产可按下触摸屏上的〈返回首页〉键，返回触摸屏的首页界面；若完成生产后 5s 没设定斜槽工件种类，触摸屏自动返回到触摸屏的首页界面。

（2）按停止按钮停止

按下触摸屏"工件处理设备运行"界面上的〈停止〉按钮，设备在完成当前设置后停止。

三、组装与调试记录（工位号：_____）

1. 工件处理设备使用的变频器的电源电压为_____，电源电压的频率为_____，变频器的额定功率是_____，连接在变频器上电动机的最大功率为_____。（2分）

2. 使用的触摸屏型号是_____；使用的 PLC 输入点数是_____。（1分）

3. 在《工件处理设备组装图》上料盘的两个安装尺寸："尺寸 A"为_____ mm，"尺寸 B"为_____ mm。（1分）

4. 触摸屏从首页进入"工件处理设备调试"界面的条件为_____；要调试设备的机械手应按下触摸屏"工件处理设备调试"界面上的_____按键，要从触摸屏的"工件处理设备调试"界面进入"工件处理设备运行"界面，应先按"工件处理设备调试"界面的_____；按触摸屏_____上的〈运行〉按键。（2分）

5. 工件处理设备高速运行时，变频器的输出频率为_____ Hz，电动机旋转磁场的转速是_____ r/min；工件处理设备低速运行时，变频器的输出频率为_____ Hz，电动机旋转磁场的转速是_____ r/min。（2分）

6. 安装在出料斜槽处的推料气缸型号为_____，该气缸从活塞的左侧进气时，活塞杆伸出；要使活塞杆缩回，应从活塞的_____进气。在气缸的两端安装的磁性开关，用于检测_____，该磁性开关的型号为_____。（2分）

7. 工件处理设备使用的光纤传感器中，放大器的型号为_____，其作用是_____；光纤的型号为_____，其作用是_____。（2分）

8. 在 PLC 的梯形图中，一个元件的常开触点的图形符号是_____，常闭触点的图形符号是_____；PLC 的指令中，表程序结束的指令是_____，驱动某个元件的指令是_____。（2分）

9. 带动料盘中拨杆转动的电动机是_____流电动机，其型号是_____。（1分）

参 考 文 献

［1］廖常初. FX 系列 PLC 编程与应用［M］. 北京：机械工业出版社，2004.

［2］杨少光. 机电一体化设备的组装与调试［M］. 南宁：广西教育出版社，2009.

［3］谢孝良. PLC 原理与应用［M］. 北京：高等教育出版社，2012.

［4］吴泽球. 用"5S"改进企业质量管理体系有效性的做法及其作用和效果［J］. 武夷学院报. 2010（5）.

［5］上海百兆祥科技咨询有限公司."5S"推行手册. 2012.

［6］"5S 管理体系". http：//www. doc88. com/p－806819888461. html.